水利水电建筑工程高水平专业群工作手册式系列教材

土石坝施工与投标实训

主 编 吴 伟 许晓瑞

中国水利水电出版社
www.waterpub.com.cn
·北京·

内 容 提 要

本书是水利水电建筑工程高水平专业群工作手册式系列教材，是根据职业院校双高建设项目要求编写而成的。全书共有10个学习型工作任务，主要内容为面板堆石坝施工组织设计文件的编制、投标报价计算和投标文件编制等。

本书可供高职高专水利类水利水电建筑工程、水利水电工程技术、水利水电工程造价、水利工程等专业教学使用，也可供水利类相关专业工程技术人员学习参考。

图书在版编目（CIP）数据

土石坝施工与投标实训 / 吴伟，许晓瑞主编. -- 北京：中国水利水电出版社，2022.5
水利水电建筑工程高水平专业群工作手册式系列教材
ISBN 978-7-5226-0819-8

Ⅰ. ①土… Ⅱ. ①吴… ②许… Ⅲ. ①土石坝—工程施工—高等职业教育—教材 Ⅳ. ①TV641

中国版本图书馆CIP数据核字(2022)第120791号

书　　名	水利水电建筑工程高水平专业群工作手册式系列教材 **土石坝施工与投标实训** TUSHIBA SHIGONG YU TOUBIAO SHIXUN
作　　者	主编　吴伟　许晓瑞
出版发行	中国水利水电出版社 （北京市海淀区玉渊潭南路1号D座　100038） 网址：www.waterpub.com.cn E-mail：sales@mwr.gov.cn 电话：(010) 68545888（营销中心）
经　　售	北京科水图书销售有限公司 电话：(010) 68545874、63202643 全国各地新华书店和相关出版物销售网点
排　　版	中国水利水电出版社微机排版中心
印　　刷	北京市密东印刷有限公司
规　　格	184mm×260mm　16开本　8.5印张　207千字
版　　次	2022年5月第1版　2022年5月第1次印刷
印　　数	0001—2000册
定　　价	**35.00**元

前 言

本教材是贯彻落实《国家职业教育改革实施方案》（国发〔2019〕4号）、《国家中长期教育改革和发展规划纲要（2010—2020年）》《国务院关于加快发展现代职业教育的决定》（国发〔2014〕19号）和《水利部 教育部关于进一步推进水利职业教育改革发展的意见》（水人事〔2013〕121号）等文件精神，编写的工作手册式系列教材。

本教材以实际工程项目为载体，基于土石坝施工与投标的具体工作过程，划分为10个学习型任务，内容包括施工条件分析、施工导流、土石方开挖、土石方填筑、混凝土工程施工、进度计划编制、施工总体布置、基础单价编制、建筑工程单价编制和投标文件编制等，较全面地涵盖了相关工作岗位对知识、技能的要求。本教材以工作手册的形式启发引导学生规范完成相关任务，积极融入“四新”技术，培养学生的创新能力，具有一定的实用性、先进性。

本教材具体的编写人员及分工如下：中国水利水电第六工程局任长春编写任务一～任务二，云南省滇中引水工程有限公司吴亮编写任务三，黄河水利职业技术学院吴伟编写工作须知、任务四～任务五，重庆永渝检验检测技术有限公司李洪涛编写任务六～任务七，黄河水利职业技术学院许晓瑞编写任务八～任务十。

由于编者水平有限，书中难免存在错漏和不足之处，恳请广大读者批评指正。

编者

2022年6月

目　录

工作须知

一、课程性质

“土石坝施工与投标实训”是水利类专业的一门专业方向模块课程，其任务是训练学生综合运用在“水利水电工程施工技术”“水利工程施工组织”“水利工程造价与招投标”等前导课程所学的知识、技能，针对具体工程实际条件，合理编制出施工组织设计文件和投标报价。

“土石坝施工与投标实训”课程引入水利行业现行技术规范和标准，引入行业“四新”技术，在教学中以实际工程案例为项目背景，采用任务驱动方式组织教学。整个过程中做到以学生为中心，培养学生自主学习能力、查阅文献和工具书能力、综合运用所学知识解决土石坝施工与投标过程中问题的能力，对学生今后在水利水电工程等行业领域生产一线从事施工、管理等工作起到积极作用。

二、课程目标

通过本实训课程，使学生系统掌握水利工程施工组织设计编制内容及步骤，掌握水利工程基础单价编制方法、建筑工程单价编制方法及程序，熟悉投标报价技巧和注意事项；通过融入责任担当、质量意识、安全意识、创新思维等元素，培养学生团队协作意识和细致严谨、认真负责的工作态度。

1. 知识目标

（1）掌握土石方工程施工特性和常用施工机械、施工方法、施工工艺。

（2）掌握土石方料场规划原则、方法。

（3）掌握土石方上坝运输方式、要求。

*（4）掌握施工导流与度汛的方法及措施。

（5）掌握土石坝坝基开挖与处理的方法、要求。

（6）掌握土石坝坝体填筑的方法、施工工艺及要求。

*（7）掌握面板堆石坝混凝土面板施工方法、工艺过程及要求。

（8）掌握基础单价的编制方法及程序。

（9）掌握建筑工程单价编制方法及程序。

*（10）掌握投标文件的组成、主要内容及编制要求。

注：对较高层次目标在课程目标中用“*”号标出，对最高层次目标在课程目标中用“※”号标出。

2. 技能目标

※(1) 能针对具体工程条件选择合适的土石方施工机械、施工方法。

(2) 会对土石方料场进行开采规划。

(3) 能根据实际条件和要求选择合适的上坝交通运输方式。

※(4) 能进行导流建筑物的规划、设计。

(5) 能根据现场条件选择合适的地基处理方法。

(6) 能进行面板堆石坝坝面施工组织。

*(7) 能对面板堆石坝坝面施工进行流水作业安排。

*(8) 能准确进行基础单价和建筑工程单价的编制。

※(9) 会灵活运用投标策略进行投标报价的调整。

(10) 能在规定时间内按要求组织编制投标文件。

3. 思政目标

(1) 刻苦学习、团结协作。

(2) 科学严谨、精益求精。

(3) 爱岗敬业、积极创新。

(4) 践行社会主义核心价值观和新时代水利精神。

三、工作任务

本实训课程建议学习时间为3个教学周。实训内容包括面板堆石坝施工组织设计编制(2周)和投标报价计算(1周)两部分。

四、组织形式

本实训项目由教师与学生共同实施。在实训过程中，各小组在组长带领下分工协作、积极探讨、共同提高，成为整个教学活动的“主角”。教师为各项目小组提供技术支持与保障，并根据项目开展过程中发现的共性和个性问题，灵活多样地采用课堂讲解、专题讨论、个别指导等教学形式加以解决。教师要加强巡视指导，及时提醒学生注意项目完成质量和进度，指导学生认真查找规范、标准和工具书、细致严谨地分析得出各子任务结论。教师应发挥项目进程中的主导作用，学生要展现学习中的主体地位。

五、成果要求

学生按照教学进度分阶段完成实训任务，按时提交实训成果。实训报告(面板堆石坝施工投标文件)应内容完整，条理清晰，结构逻辑性强，能准确运用相关技术规范和标准，专业术语用词准确。投标报价计算过程完整清晰，计算结果准确，图表齐全。

六、考核评价模式

“土石坝施工与投标实训”实行“过程考核+结果考核”教学评价模式。实训成绩由过程考核成绩和结果考核成绩两部分组成，分别占总成绩的60%、40%。

“过程考核”是对实训学习过程中学习态度及知识技能掌握程度的考核，借助在线开放课程、职教云课堂等教学平台实施，考核内容包括课堂考勤、随堂测验、资源学习、课堂表现等方面。

“结果考核”是根据学生提交的实训成果确定，依据是否按时提交实训成果，实训报告内容是否完整，条理是否清晰，投标报价计算结果及图表是否齐全准确等评定。

七、参考资源

1. 教材资源

《水利水电工程施工技术》闫国新　黄河水利出版社

《水利工程施工组织与管理》梁建林、高秀清、费成效　黄河水利出版社

《水利工程造价与招投标》张梦宇、曾伟敏、吕桂军　中国水利水电出版社

2. 网络资源

（1）《水利工程施工技术》国家精品在线开放课程：

https：//www.icourse163.org/course/YRCTI－1002126016？from＝searchPage

（2）高等职业教育水利水电建筑工程专业教学资源库（水利工程施工技术）：

https：//www.icve.com.cn/portal_new/courseinfo/courseinfo.html？courseid＝gau3apqpjo1mpmeyaagxxw

（3）《水利工程造价与招投标》省级精品在线开放课程：

https：//www.icourse163.org/course/YRCTI－1003365030？from＝searchPage

（4）智慧职教（云课堂）：http：//www.icve.com.cn/portal/

任务一　施工条件分析

【工作任务】

认真阅读招标文件中工程概况及相关工程条件资料，分类整理分析工程条件、自然条件、社会经济条件等对该面板堆石坝施工的影响，为后续选择施工方案、编制进度计划等工作提供依据。

一、工程概况

QS 水库工程位于 Q 市 Y 县 D 乡，汤溪河支流小溪沟上游，水库坝址位于麻树河和董铺溪汇合口下游约 1km 的桂花淌处，距 Y 县城约 54km，有 H 镇至 D 乡公路从水库坝址经过。

QS 水库工程是一座以农业灌溉、场镇和农村供水为主，兼有发电等综合效益的综合水利工程，为Ⅲ等中型工程。工程主要由水库枢纽工程、坝后电站工程和渠系工程三部分组成，水库枢纽工程包括挡水工程、泄洪、取水及放空建筑物等，挡水建筑物为钢筋混凝土面板堆石坝，最大坝高 63m；泄洪建筑物为右岸开敞式溢洪道，取水为岸塔式分层取水口；放空建筑物结合取水建筑物布置。坝后电站装机容量为 1200kW（800kW＋400kW）。

坝址以上控制集水面积为 43.9km^2，水库正常蓄水位 746.00m，相应库容 997 万 m^3，水库总库容 1084 万 m^3。

二、合同主体工程概况

大坝主体工程为混凝土面板堆石坝，坝顶高程为 748.00m，防浪墙顶高程为 749.20m，根据选定坝线和趾板线地质条件，最大坝高确定为 63.00m，坝顶宽 6.0m，坝顶全长 140.92m。钢筋混凝土面板坝上、下游坡比均为 1∶1.4，下游坝坡设 2 级马道，高程分别为 722.00m、696.00m，马道宽均为 2m，大坝最大底宽 187.28m。上游钢筋混凝土面板顶部高程为 746.50m，面板共分 17 块，每块宽 6.0～12.0m，厚度为 0.3～0.5m。面板块与块之间设垂直缝，面板与趾板之间设周边缝，并在缝内设止水。趾板建基在弱风化层中上部至强风化层下部，趾板宽度根据水头及所处地段地质条件为 5.0～6.0m，厚度为 0.5m。在上游坝面河床段 706.00m 高程以下设有上游铺盖区和盖重区。趾板基础、两岸坡垂直防渗采用帷幕灌浆，孔距 2.0m，孔深要求深入基岩相对隔水层（$q\leqslant 5Lu$）以下 5.0m 处。

大坝分为以下几个主要填筑区：

（一）上游黏土铺盖区

当面板局部开裂和止水系统受损后，防渗土料随水流带进缝中，经面板下垫层料的反滤作用，淤堵裂缝，恢复防渗性能。铺盖顶部高程为706.00m，铺盖顶宽3.0m，上游边坡1∶1.5。

（二）上游盖重区

上游盖重区覆盖在上游黏土铺盖上，维持上游铺盖区的稳定，并起保护作用。选用大坝开挖的弃渣料填筑，顶部高程为706.00m，顶宽3.0m，上游边坡1∶2.8。

（三）特殊垫层区

周边缝为防渗薄弱部位，为加强对周边缝的渗漏控制，在趾板周边缝下游侧设置特殊垫层区，该区材料为人工破碎筛分后配制的新鲜或微风化灰岩料，其饱和抗压强度不小于40MPa。最大粒径为40mm，小于5mm的颗粒含量为35%～60%，小于0.75mm的颗粒含量应为5%～10%。薄层碾压密实，碾压层厚0.2m，适量加水，加水量根据现场试验确定，以尽量减少周边缝的位移，同时起到反滤作用。

（四）垫层区

垫层区水平宽度3.0m，以1∶1.4的坡等宽布置。材料为人工破碎筛分后配制的新鲜或微风化灰岩料，其饱和抗压强度不小于40MPa。最大粒径为80mm，小于5mm的颗粒含量为30%～45%，小于0.75mm的颗粒含量应为4%～6%。设计干密度2.18g/cm^3，孔隙率19%，渗透系数1×10^{-3}cm/s，碾压层厚0.4m，适量加水，加水量根据现场试验确定。垫层上游坡面为挤压混凝土边墙，以满足面板施工及临时度汛的要求。挤压式边墙断面为梯形，以铰接的方式使边墙可适应垫层区的变形，其底部不会形成空腔，有效避免空腔对面板的不利影响。墙高度为垫层料的设计铺填厚度，边墙上游侧坡度与面板内坡坡比相同，为1∶1.395。本工程顶部宽度确定为10cm，边墙下游侧坡度采用8∶1。

（五）过渡层区

过渡区水平宽度4.0m，等宽布置，材料为金鸡包料场新鲜或微风化砂岩料，其饱和抗压强度不小于40MPa。最大粒径为300mm，小于5.0mm的颗粒含量为20%～30%，设计干密度2.12g/cm^3，相应孔隙率20%，渗透系数1×10^{-2}cm/s，填筑层厚度0.4m，加水10%～25%。

（六）主堆石区

主、次堆石区的分界线从743.20m高程开始以向下游1∶0.35的坡降至河床。主堆石区是面板堆石坝的主要受力区，要求用良好的级配，坚硬的石料填筑，压实后能自由排水，并具有较高的压实密度和变形模量。本工程主堆石料选用金鸡包料场新鲜或微、弱风化砂岩料，其饱和抗压强度不小于30MPa。最大粒径600mm，粒径小于5mm的颗粒含量不超过20%，粒径小于0.075mm的颗粒含量不超过5%，设计干密度2.07g/cm^3，相应孔隙率22%，渗透系数1×10^{-2}cm/s，填筑层厚度0.8m，加水10%～25%。

（七）次堆石区

本工程次堆石区选用金鸡包料场新鲜或微、弱风化砂岩料和溢洪道开挖可利用的弱、微风化砂岩料，其饱和抗压强度不小于30MPa。最大粒径800mm，粒径小于5mm的颗粒含量不超过20%，粒径小于0.075mm的颗粒含量不超过5%，设计干密度2.04g/cm^3，孔隙率23%，填筑层厚度0.8m，加水10%～25%。另外，在下游坝坡最外层采用干砌块石护坡，干砌块石采用不宜风化的硬岩料，本次设计采用金鸡包料场新鲜或微、弱风化砂岩料，粒径不小于30cm。

（八）排水体区

为保证坝体排水畅通，保护下游坝脚不受尾水淘刷，在下游坝脚设排水体。排水体顶高程696.0m，与次堆石间设置水平宽度2m的级配反滤层，排水体选用金鸡包料场新鲜、微或弱风化砂岩料填筑，其饱和抗压强度不小于30MPa，设计干密度2.0g/cm^3，孔隙率25%，粒径不小于600mm，填筑层厚1200cm。

三、自然条件

（一）水文气象

1. 流域概况

汤溪河系长江上游左岸一级支流，小溪沟为汤溪河下游左岸一级支流，位于Y县境内，其河口距汤溪河流域出口处（长江）约7.0km。小溪沟发源于云阳、奉节两县交界处的庙尖山（海拔1501m），上游段又称董铺溪，河流由东向西，至双河口处纳入右支麻树河后称小溪沟。河流依次流经洞鹿乡、梅子村、新建村，在硐村乡处汇入汤溪河，小溪沟全流域集水面积150.9km^2，河长34.7km，河道平均比降为27.2%。

QS水库位于Y县D乡，汤溪河支流小溪沟上游，坝址位于麻树河和董铺溪汇合口下游约1km的桂花淌处，坝址控制流域面积43.9km^2，河长10.2km，平均坡降39.2‰。

2. 气候特征

设计流域处于属北亚热带湿润季风气候区，气候温和，雨量充沛，日照充足，四季分明。根据邻近的Y县气象站观测资料统计：多年平均气温18.7℃，年平均气温年际变化不大，最高19.4℃（1978年），最低17.7℃（1993年），年内以7、8月平均气温最高，平均29.4℃，1月平均气温最低，平均8.0℃，极端最高气温41.7℃（1961、1972年），极端最低气温-4.0℃（1977年）；多年平均相对湿度74%；多年平均风速1.5m/s，多年平均年最大风速9.9m/s，瞬时最大风速20.0m/s，最多风向为NEN；多年平均蒸发量为1323.6mm（20cm蒸发皿），7—8月蒸发量占全年蒸发量的31.6%。

3. 径流

QS水库坝址径流计算成果见表1-1。

表1-1　QS水库坝址径流计算成果表

流　域	站　名	流域面积/km^2	多年平均年降水量/mm	多年平均流量/(m^3/s)	多年平均径流深/mm
小溪沟	QS水库坝址	43.9	1350	1.105	793.8

4. 洪水

（1）坝址设计洪水。根据《防洪标准》（GB 50201—2014）的规定，本水库工程规模属于中型水库，工程等别为Ⅲ等。枢纽区设计洪水采用50年一遇洪水标准（坝型：混凝土面坂堆石坝）；校核洪水采用1000年一遇洪水标准。QS水库流域面积不大，该河道上无水文、雨量测站，无实测暴雨资料。通过推理公式法计算，QS水库坝址各频率设计洪峰流量成果见表1-2。

表1-2　　QS水库设计洪峰流量成果表

设计洪峰流量/(m^3/s)						
P=0.1%	P=0.2%	P=1.0%	P=2.0%	P=3.3%	P=5.0%	P=10%
786	722	574	510	462	424	357

(2) 分期设计洪水。因QS水库设计流域无实测流量资料，各时段分期洪水成果采用水文比拟法移用余家站的相应时段设计成果。其中，主汛期洪水由设计暴雨直接推求。

QS水库分期设计洪水成果见表1-3，QS水库坝下溢洪道右岸冲沟分期设计洪水成果见表1-4。

表1-3　　QS水库坝址分期设计洪水成果表　　单位：m^3/s

分期	各频率设计值 X_p				
	P=3.33%	P=5%	P=10%	P=20%	P=50%
2月	1.18	1.02	0.76	0.51	0.22
3月	22.4	17.8	10.8	5.13	1.15
4月	173	137	83.0	39.4	8.88
5—9月	462	424	357	289	191
10月	128	105	71.1	40.6	11.9
11月	52.5	41.9	25.2	12.0	2.71
12月—次年1月	3.68	2.98	1.91	1.00	0.25
11月—次年3月	57.8	47.7	31.2	17.1	4.60
10月—次年3月	138	116	80.3	48.1	15.3
10月—次年4月	236	196	132	75.7	22.1

表1-4　　QS水库坝下溢洪道右岸冲沟分期设计洪水成果表

序号	位置	分期时段	设计流量/(m^3/s)		
			P=10.0%	P=20.0%	P=50.0%
1	坝下冲沟	11月—次年3月	1.05	0.58	0.16

5. 水位流量关系及月平均流量

坝址处水位-流量关系见表1-5，压力管道跨河断面处天然水位-流量关系见表1-6，坝后电站厂房尾水出口处天然水位-流量关系见表1-7，坝址处月平均流量见表1-8。

表1-5　　水库坝址天然水位-流量关系表

水位/m	689.10	689.50	690.00	690.50	691.00	691.50	692.00	692.50
流量/(m^3/s)	0	4.66	20.6	51.7	93.1	143	202	270
水位/m	693.00	693.50	694.00	694.50	695.00	695.50	696.00	
流量/(m^3/s)	346	428	519	616	723	839	958	

表 1-6　　压力管道跨河断面处天然水位-流量关系表

水位/m	684.40	684.50	685.00	685.50	686.00	686.50	687.00	687.50
流量/(m^3/s)	0	0.736	15.5	46.0	91.9	157	239	338
水位/m	688.00	688.50	689.00	689.50	690.00			
流量/(m^3/s)	453	580	721	876	1039			

表 1-7　　厂房尾水出口处天然水位-流量关系表

水位/m	682.50	683.00	683.50	684.00	684.50	685.00	685.50	686.00
流量/(m^3/s)	0	11.8	49.4	122	254	420	620	850

表 1-8　　QS 水库坝址月平均流量表　　单位：m^3/s

月　份	P=100%（1 年）	P=10%（10 年）	P=20%（5 年）
10 月	1.05	2.06	1.75
11 月	0.475	1.25	0.998
12 月	0.180	0.539	0.414
1 月	0.117	0.333	0.260
2 月	0.220	0.659	0.507
3 月	0.419	1.05	0.836
4 月	1.13	2.38	2.01

（二）工程地质

1. 地形地貌

坝址属深切低山地貌，河道较顺直，长约 380m，流向 S77°W，河流比降约 1.5%，为左右相对较对称的“V”形河谷，正常蓄水位 746m 时河谷宽 130m。河底高程为 690～693m，河床宽度为 15～20m。该段左岸公路以下为一陡坡，坡度约 45°，公路以上上游段为一崩坡积堆积层斜坡，坡度约 25°，宽度约 200m，斜坡后为一陡峻岩坡，坡度约 80°，导流洞布置于此段临河处。下游段地形较陡，坡度约 35°，近转弯处风化强烈。右岸地形较左岸要顺直，地形完整，下陡上缓，高程 750m 以下为陡坡，坡度约 50°，750m 以上为堆积斜坡，地形坡度 25°～30°，斜坡后为一馒头形山包。坝址右岸下游发育一条冲沟，冲沟狭窄，常年流水，溢洪道位于此岸。

2. 地层岩性

趾板范围内出露地层为三叠系上统须家河组上段（T_{3xj}^{2-6}、T_{3xj}^{2-5}、T_{3xj}^{2-4}）灰白色中～厚层长石石英砂岩夹粉砂岩、砂质页岩薄层及透镜体，以长石石英砂岩为主；弱风化岩屑长石石英砂岩平均干抗压强度 78.1MPa，平均饱和抗压强度 66.6MPa，为坚硬岩，岩体强度能满足混凝土面板堆石坝趾板对趾板坝基岩体的强度要求。河床趾板置于弱风化岩体中部；左、右岸宜将强风化岩体挖除，将趾板置于弱风化岩体中上部。

3. 地质构造

坝址区位于铁峰山背斜近核部的北翼，为一单斜构造。河谷为顺向谷，岩层倾向右岸。坝址区未见断层。岩层产状：走向 N80°～90°E，倾向 NW，倾角 20°～35°，倾角左岸陡，右岸缓。坝区主要发育三组裂隙：①走向 N85°～90°E，倾向 NW，倾角∠50°～85°，该组裂隙为卸荷裂隙，近平行岸坡发育。裂隙长度不等，延伸最长可达 20m，切割深度 1～5m，间距最小 1～2m，一般为 2～5m，裂隙大部分张开，多为后期充填，裂面较平直，在坝址的右岸中前段、左岸中后段较发育。②走向 N10°W～N10°E，倾向 NE，倾角∠35°～65°，该组裂隙近垂直于岸边发育，裂隙短小，切割深度最大可达 5m 以上，间距不等，部分张开，裂面平直。①与②组裂隙近于直交，以①组较发育，将岩体切割成块体，构成岸边卸荷带。③走向 N80°～90°E，倾向 NW，倾角∠20°～35°为层面裂隙，裂面不光滑，浅层张开，黏土充填，一般延伸较长。

4. 水文地质条件

水文地质条件较简单，按赋存条件地下水可分为第四系孔隙水和基岩裂隙水。

根据坝基及两岸坡勘探压水试验资料：在谷底段 ZK204 孔相对不透水层埋深 46.90m、ZK1 孔相对不透水层埋深 48.20m，此段透水层厚度 43.1～43.7m。左岸坡 ZK205 孔相对不透水层埋深 56.37m、ZK2 孔相对不透水层埋深 73.10m、ZK209 孔相对不透水层埋深 42.40m，此段透水层厚度 36.6～69.9m。右岸坡 ZK207 孔相对不透水层埋深 58.30m、ZK4 孔相对不透水层埋深 62.60m、ZK211 孔相对不透水层埋深 46.90m，此段透水层厚度 46.9～62.6m。

根据钻孔压水试验资料分析，以相对不透水层（$q \leqslant 5\mathrm{Lu}$）顶界线自坝端延伸与正常蓄水位线交线控制，建议左岸趾板防渗线接坝顶自坝端向上游偏移后朝山内延伸约 125m，接相对隔水层。右岸趾板防渗线接坝顶自坝端向山内延伸约 112m，接相对隔水层。

5. 风化与卸荷

坝轴线（4－4′剖面）岩体风化带发育情况见表 1－9。

表 1－9　坝轴线(4－4′剖面)岩体风化带发育情况　单位：m

位置	孔号	强风化下限深度	弱风化下限深度	微风化下限深度
左岸	ZK210	8.30	32.20	未揭穿
	ZK2	3.20	28.60	61.60
河床	ZK3	无	18.60	43.40
右岸	ZK4	3.30	28.90	69.60

左岸强卸荷带水平发育深度为 10.00～15.00m；右岸强卸荷带水平发育深度为 5.00～10.00m。河床坝基岩体卸荷作用较弱，卸荷带不明显，裂隙不发育，岩体完整性好，推测弱卸荷带深度为 5.00m 左右。

【工作目标】

（1）理解施工条件分析的意义。

（2）掌握施工条件分析的内容。

（3）掌握有效工日的计算方法。

（4）在分析研究基本资料的基础上，能够正确计算土石坝施工有效工日。

（5）能够根据地形、地质、水文等工程基本资料，分析其对工程施工的影响。

【任务分组】

学生工作任务书					
工作任务				建议学时	
班级		学员姓名		工作日期	
小组任务分工					
提交成果					

【引导问题】

（1）编制水利工程施工组织设计之前要进行哪些准备工作？

（2）编制水利工程施工组织设计时为什么要进行施工条件分析？

（3）土石坝工程施工与房屋建筑、市政等工程施工有哪些不同的特点？

（4）我国现行法定假日有哪些？一年共有多少天的法定假日？

【工作计划】

根据小组任务分工和收集到的信息资料，制订土石坝施工条件分析的工作计划，利用流程图或者其他形式进行表示。

【进度决策】

分组汇报各组制订的工作计划，小组互评、教师点评，讨论确定出最终工作实施计划。

【工作实施】

一、工程概况收集

认真收集本工程的规模、位置、组成、施工内容、功能、主要规划设计数据等要素，分析各因素对工程施工的影响，研究编制施工组织设计时应考虑的问题。如进行导流标准的确定时需要考虑该工程的规模、主体建筑物的级别及类型等因素。

具体工程规划设计数据包括：水库总库容、有效库容、水库正常蓄水位、死水位、设计洪水位、校核洪水位，最大坝高、坝顶长度、宽度，装机容量、安装机组数量、单机容量，灌溉面积、供水能力、通航能力，以及主要工程量等。

二、地形条件分析

（1）收集整理坝址河谷形态、坡降、常水位、水面宽度、水深等；坝址及建筑物布置区的地形图。

（2）收集整理工程所在地行政区规划图。

（3）收集整理施工现场区 1/2000 地形图、三角水准网点等测绘资料。

研究工程所在地点的位置和周边地形情况，分析可利用的场地面积及其利用条件。比如施工工区的布置和生活办公营地的选址，需要考虑场地面积、场地平整工程量；布置形式选择集中布置还是分散布置等。

三、地质条件分析

收集坝址及主要建筑物的地质概况，主要建筑物的地质平面图、剖面图。

（1）施工现场范围内地质测绘（1/2000）。

（2）场区地下水位埋深等值线。

（3）本工程地震基本烈度和设防烈度。

四、水文条件分析

收集整理坝址处各频率设计洪水，分析坝址全年洪水和枯水时段洪水的频率-流量关系得到相关统计计算表见表 1-1～表 1-4。

表 1-1　　坝址洪水频率-流量关系　　单位：m^3/s

时　段	5%	10%	20%
全年			
枯水期			
月　日—月　日			
…			

表 1-2　　坝址不同枯水时段频率流量　　单位：m^3/s

时　段	1%	2%	5%	10%	20%
9 月 1 日—次年 3 月 31 日					
9 月 1 日—次年 4 月 30 日					
…					

表 1-3　　坝址历年逐月平均流量　　单位：m^3/s

月　　份	1%	2%	5%	10%	20%
1 月					
2 月					
…					

表 1-4　　坝址逐月不同频率的平均流量　　单位：m^3/s

频率	1 月	2 月	3 月	4 月	5 月	6 月	7 月	8 月	9 月	10 月	11 月	12 月	全年
平 50%													
丰 1%													
枯 80%													

①坝址历年逐月最大流量。

②坝址逐月不同频率流量。

③一定频率洪水过程线。图 1-1 为坝址处不同频率洪水过程线。

④坝址水位-流量关系曲线，如图 1-2 所示。

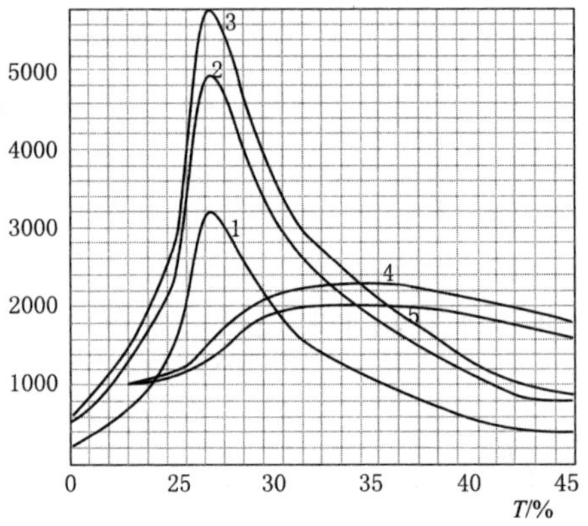

图 1-1　坝址处不同频率洪水过程线

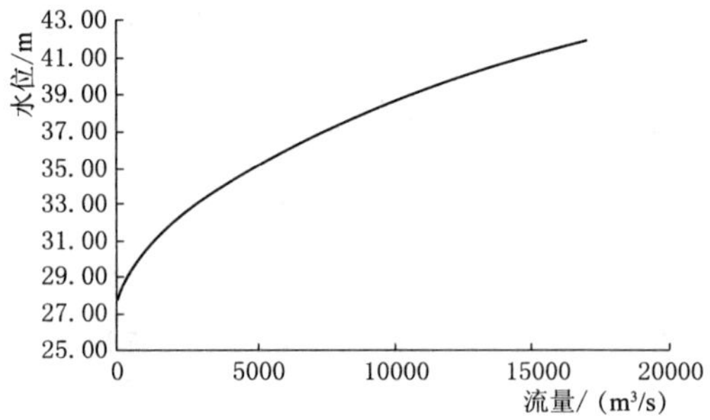

图 1-2　坝址水位-流量关系曲线

⑤水库面积、库容与水位关系曲线，如图 1-3、图 1-4 所示。

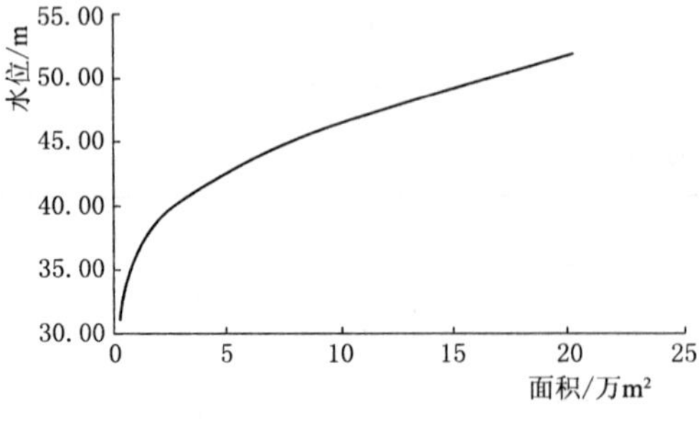

图 1-3　水库水位-面积关系曲线

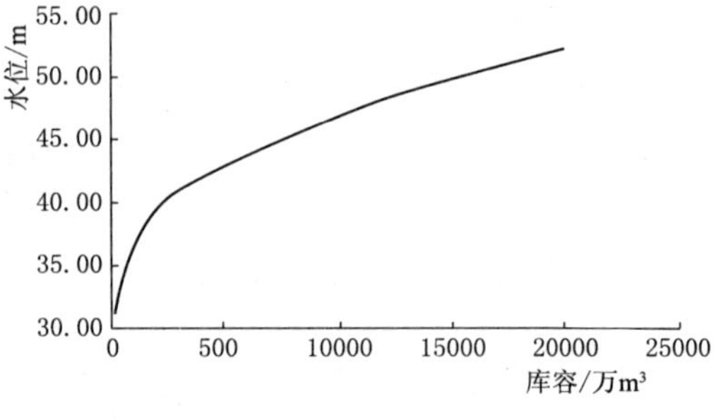

图 1-4　水库水位-库容关系曲线

五、气象条件分析

（1）收集整理坝址气温特征。冰冻期月数、坝址气温与水温见表 1－5。

表 1－5　　**坝址气温与水温**　　单位:℃

项　目	1月	2月	3月	4月	5月	6月	7月	8月	9月	10月	11月	12月
月平均气温												
月平均水温												

（2）收集整理坝址历年各月平均降水量、年最大降雨量、最大降雨强度，统计坝址处各月平均降水天数，见表 1－6。

表 1－6　　**坝址处各月平均降水天数**　　单位：d

项　目	1月	2月	3月	4月	5月	6月	7月	8月	9月	10月	11月	12月
0～0.5mm												
0.5～5mm												
5～10mm												
10～30mm												
＞30mm												

（3）收集整理坝址其他气象特征。如多年平均最大风速、风向、最大冻土深度等。

六、交通条件分析

（一）对外交通条件分析

调查收集坝址周边的公路、铁路、水运交通条件，结合当地交通运输发展规划，分析工程所在地可以利用的交通条件和相关交通运输设施情况。

调查主要外来物资的运输要求和重大件运输要求。

调查工程所在地与国家（地方）交通干线的连接条件，以及场内、场外交通的衔接条件。

调查转运站以及主要桥涵、渡口、码头、站场、隧道等的建设条件。

（二）场内运输条件分析

调查现有交通设施情况，结合坝址周边地形条件和料场位置，初步比较选择弃渣、存渣区域，分析场内交通运输的主要方式和物料流向。

七、建筑材料及资源供应条件分析

收集、分析拟选土石料场的储量、规模，根据土石坝坝体工程量估算出需要的自然方和松方工程量。

调查工程所在地周边钢材、水泥、火工材料等物资的供应条件。

调查工程用水、用电、通信以及劳动力等供应条件。

【评价反馈】

组内、组间学生相互检查评价，教师检查评价。主要检查内容包括：所完成任务内容完整性、条理清晰性、计算准确性、专业术语用词准确性、书写工整情况等。

【相关知识点】

施工天数是确定施工强度、编制施工进度计划的基本资料之一。目前安排施工进度多以月为时间单位，因而施工天数应根据不同筑坝材料分别按月份分析确定。

一、停工标准的拟定

堆石坝采取一般防护措施的停工标准见表1-7，其他原因的停工标准见表1-8。

表1-7 堆石坝采取一般防护措施的停工标准

施工项目	停工标准											备注
	日降水量/mm					日蒸发量小于4mm	日平均气温/℃					
	0～0.5	0.5～5	5～10	10～30	＞30		＞5	5～0	0～－5	－5～－10	＜－10	
砾质土、掺合土、风化土填筑	照常施工	照常施工	雨日停工	雨日停工，雨后停半日	雨日停工，雨后停一日	—	照常施工	照常施工	防护施工	防护施工	停工	—
垫层料填筑	照常施工	照常施工	照常施工	雨日停工	雨日停工	—	照常施工	照常施工	防护施工	防护施工	停工	当与防渗料同时施工时，有效施工天数同防渗料
石料填筑	照常施工	照常施工	照常施工	照常施工	雨日停工	—	照常施工	照常施工	防护施工	防护施工	停工	—

注 表列停工标准是设计阶段统计有效工日的标准，不作施工停工标准。

表1-8 其他原因停工标准

项目	停工标准
高气温	按《中华人民共和国劳动法》执行：气温超过40℃且持续时间超过4h，停工1班（8h）
雾天、大风（6级以上）	根据当地资料确定停工天数
汛期	当采用河漫滩料场、汛期内料场可能被水淹时，应根据洪水情况进行分析计算，确定停工参数
节假日	按国家法令规定执行
停电	用电设备由系统供电时，按供电系统定期检修停电确定停工天数
进度计划停工	按计划安排而定，如工序衔接的计划停工

注 法定节假日停工，但不包括周六、周日。

二、有效工日的统计方法

（1）收集气象资料。包括：历年逐日降雨虽资料，历年逐日平均气温资料，历年各月阴天、风力、风速资料，历年逐日蒸发量资料，历年各月相对湿度资料。

（2）统计历年各月由于降雨而停工的工日数。根据历年逐日降雨量资料和拟定的停工标准，分别统计砂砾料开采和填筑、堆石料填筑受降雨影响而停工的天数。

（3）统计历年各月气温、大风和其他因素影响而停工的工日数。统计方法与因雨停工相同。

（4）统计有效工日。

三、有效工日的选取

对有效工日影响最大的是降雨（在我国北方是气温），因降雨而影响停工的工日数可以有不同选取方法。当降雨资料系列较短时，以选取多雨年为宜；当系列较长时，可选取多年平均值作为设计依据，而以多雨年的有效工日，作为研究防护施工措施时的备用情况。

四、有效工日的计算

坝料填筑施工有效工日数可根据各月的日历天数扣除停工工日数统计计算，并参考已建工程拟定的施工工日数综合分析确定。统计计算见表1-9。

表1-9　坝体填筑施工有效工日计算表

项　目	1	2	3	4	5	6	7	8	9	10	11	12
日历天数	31	28	31	30	31	30	31	31	30	31	30	31
法定假日												
因雨停工												
因气温停工												
其他原因停工												
有效工日												

任务二　施工导流

【工作任务】

认真阅读招标文件中工程概况及相关工程条件资料，结合进度要求合理划分导流时段，选择合适的导流方式、截流方法，编制施工导流方案和基坑排水方案。

【工作目标】

（1）掌握导流方式的分类、特点及适用条件。

（2）掌握导流建筑物的类型及设计内容。

（3）理解导流建筑物的设计方法及过程。

（4）掌握截流方法及适用条件。

（5）在分析研究基本资料的基础上，能够合理设计导流方案。

（6）能够根据地形、地质、水文等基本资料，进行截流方案设计。

（7）能够选择合适的基坑排水方式，并进行合理排水布置。

【任务分组】

学生工作任务书					
工作任务				建议学时	
班级		学员姓名		工作日期	
小组任务分工					
提交成果					

【引导问题】

（1）简述常用的施工导流方式。

（2）简述导流建筑物的设计内容及设计流程。

（3）简述常用的截流方法及其适用条件。

（4）降低截流难度的措施有哪些？

【工作计划】

根据小组任务分工和收集到的信息资料，制订面板堆石坝施工导流方案编制的工作计划，利用流程图或者其他形式进行表示。

【进度决策】

分组汇报各组制订的工作计划，小组互评、教师点评，讨论确定出最终工作实施计划。

【工作实施】

一、导流标准确定

（1）根据SL 252—2017《水利水电工程等级划分及洪水标准》相关规定，划分导流建筑物级别。

（2）结合水文资料和坝体施工进度要求，划分导流时段。

（3）根据SL 252—2017《水利水电工程等级划分及洪水标准》相关规定，确定本工程施工导流标准。

二、导流方式选择

根据河流水文特性，地形、地质条件，施工进度要求，施工安全要求，永久建筑物组成、结构，通航、供水、排冰等要求，施工过程水流控制各阶段衔接需要等因素，结合SL 303—2017《水利水电工程施工组织设计规范》相关规定，选择合适的导流方式。

三、导流程序确定

在全面分析枢纽布置、导流方式、施工期度汛要求、各相关项目工期要求和开工、截流及蓄水发电等关键节点目标的基础上，选择技术可行、经济合理并能使工程尽早发挥效益的导流程序。

四、导流建筑物设计

（1）导流泄水建筑物设计。

（2）导流挡水建筑物设计。

1）围堰型式选择。

2）围堰布置。

3）围堰堰体结构、断面尺寸等设计。

五、截流施工

（1）截流方式选择。

（2）截流材料选择、用量确定。

（3）截流时间确定。

（4）截流施工设计。

六、围堰施工

（1）围堰基础处理。

（2）围堰修筑。

七、基坑排水

（1）初期排水设计。

（2）经常性排水设计。

八、施工期度汛

根据施工进度估算汛前坝体高程，对比拦洪高程，判断是否需要采取度汛措施，选择采取哪些拦洪度汛措施。

【评价反馈】

组内、组间学生相互检查评价，教师检查评价。主要检查内容包括：所完成任务内容的完整性、条理清晰性、计算准确性、专业术语用词准确性、书写工整情况等。

【相关知识点】

一、导流标准确定

绝大多数、混凝土面板堆石坝工程都采用河床一次断流、隧洞导流方式。导流标准的选择，应结合工程具体情况进行分析、论证，导流标准的比选应遵循相关规范的规定，一般根据下列情况酌情选用规范的上限或下限。

（1）在导流建筑物级别划分中属于本级别上限时，可选取洪水标准的上限值。

（2）当河流水文实测系列较长，洪水规律性明显时，可根据洪水规律性适当选取标准；若水文实测系列不长，或资料不可靠时，应从不利情况出发，选取上限。

（3）根据围堰的高低及其形成的库容的大小，或河流下游影响区保护对象的重要性选取标准。库容越大，失事造成的危害也大，其标准应适当提高；河流下游有重要保护对象，一旦失事，对下游的危害较大时，也应适当提高标准。

（4）根据基坑施工期长短选取标准。工期越长，遭遇较大洪水概率越大，导流标准宜稍高一些，反之亦然。

二、围堰设计

混凝土面板堆石坝工程，一般土石方挖填量较大，大型土石方设备需要量较多，围堰的结构型式宜优先选用土石围堰。可充分利用开挖弃料，并可适合在各类地基上修建，方便机械化快速施工。在基岩或河床覆盖层较薄，且围堰与坝体间距离较近时，也可以采用浆砌石或混凝土围堰。下游围堰在条件许可的情况下，可与坝后量水堰永久结合。

（1）围堰断面尺寸拟定。堰顶宽度应视围堰高度、堰顶交通、度汛要求、结构型式等因素而定，高于 10m 的围堰，顶宽不宜小于 3m，堰高超过 20～30m，顶宽一般为 4～6m；堰顶有通车要求的，顶宽应按交通要求确定；围堰顶宽应满足不同结构型式的机械化施工最小宽度要求。围堰若需考虑抵御超标准洪水因素时，顶宽还应满足设置临时子堰的要求。围堰的边坡拟定应考虑填筑料的性质、压实程度及地基承载力等影响因素，并应进行抗滑稳定验算；对于重要工程或堰高超过 15m 时，应进行渗流稳定验算。

(2) 围堰防渗。在覆盖层较深的地基上修建土石围堰，堰基一般采用混凝土防渗墙、高喷防渗墙、帷幕灌浆等进行基础防渗处理。若是基础能开挖到相对隔水层、且设计水头较低的工程，可开挖截水槽回填黏土防渗。

堰体防渗一般选用心墙或斜墙防渗形式，堰体的防渗材料应用最为广泛的是黏土或土工膜。对于围堰工作量大、工期紧的工程，选用斜墙防渗形式，更有利于基础防渗处理与堰体填筑同步施工。如猴子岩水电站工程的上游围堰，基础防渗墙 $8630m^2$，围堰填筑 90 万 m^2，采用斜墙防渗结构满足了基础防渗处理与堰体填筑同步施工，缓解了工期压力，其围堰结构断面如图 2－1 所示。

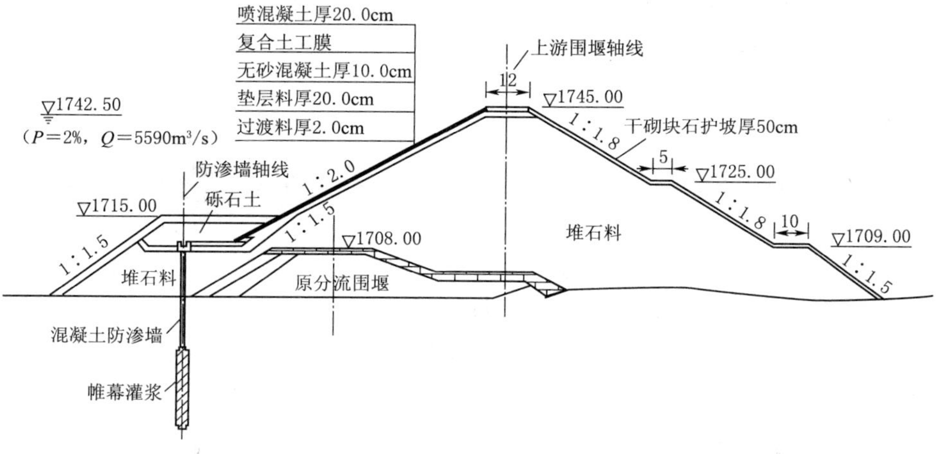

图 2－1 猴子岩水电站上游围堰结构断面图（单位：m）

任务三　土石方开挖

【工作任务】

对发包人提供的料场进行复查，确定料场覆盖层厚度、可用土料（石料）的分布情况和有效储量，全面了解土质情况和石质情况。对枢纽工程不同部位的土石方开挖工程，应选择相应的施工机械和开挖方法，编制土方、石方开挖施工方案。

工作任务基本资料如下：

一、料场开采

发包人提供土料场和石料场各 1 个，分别为箭楼坪土料场、金鸡包石料场。

1. 箭楼坪土料场

QS 水库大坝上游施工围堰防渗、趾板上游防渗铺盖均需土料，设计所需 0.68 万 m^3。

工程土料场为库区上游左岸箭楼坪土料场，高程 735～738m，地形为缓坡台地，粉质黏土韧性较高，干强度较高，切面光滑，无摇震反应，厚度一般为 1.0～2.0m，储量大于 1.5 万 m^3，满足设计需要量的 2 倍。土料场至坝址有简易公路，运距约 2.5km，施工场地宽阔，开采条件好。

2. 金鸡包石料场

金鸡包石料场提供主、次堆石料料源，位于坝址下游，与坝址相距约 0.4km。无用剥离层平均厚度约 4.0m，主要为残坡积层和强风化层，无用夹层平均厚度 1.5～2.0m，有用层弱风化～新鲜砂岩厚度约 30～45m。根据厂房建基高程，以高程 701m 为开采底面，向山内至垭口近公路开采，开采面积 2.36 万 m^2，两侧开采至河床。计算求得有用层储量约 67.90 万 m^3。

3. 主要工程量

金鸡包石料料场经计算有用层储量约 67.90 万 m^3，剥采比 0.3。料场开采石料 26.64 万 m^3（自然方），考虑料场剥采比 0.3 后，料场无用层弃渣 11.42 万 m^3（自然方）；库区上游左岸箭楼坪土料场开挖 0.68 万 m^3 黏土料。

为满足大坝 2015 年汛前填筑到 731.00m 高程，施工单位需提前完成 3 万 m^3 堆石料备料。备料初拟利用开挖料 1.5 万 m^3（自然方），剩余由金鸡包石料场提供。经土石方平衡计算，石料场需提前开挖 4 万 m^3（自然方）堆石料。

二、主体工程土石方开挖

主体工程土石方明挖总量 27.8 万 m^3，各部位具体开挖工程量见表 3-1。

表 3-1　　主体工程明挖工程量表

主体工程	项 目 名 称	单位	工程量	备注
大坝工程	土方开挖	m^3	67400	
	石方开挖	m^3	37700	
	人工清基	m^3	1500	
溢洪道工程	覆盖层开挖	m^3	25250	
	石方开挖	m^3	95120	
	保护层石方开挖	m^3	14400	
排洪渠工程	土方开挖	m^3	2940	
	石方开挖	m^3	493	
取水塔工程	土方开挖	m^3	943	
	石方开挖	m^3	1816	
	保护层石方开挖	m^3	412	
取水口公路	覆盖层开挖	m^3	9120	
	石方明挖（Ⅸ级）	m^3	16500	
右岸上坝公路	覆盖层开挖	m^3	231	
	石方开挖	m^3	3840	
合　计		m^3	277665	

（一）大坝坝肩及基础开挖

本工程需要完成大坝左右坝肩和大坝基坑全部开挖工程。

右岸边坡开挖最大高程约 733.00m，边坡开挖最大高度 47.00m。趾板上部边坡每隔 15m 设一级马道。左坝肩边坡开挖最大高程约 746.50m，开挖最大高度 60.50m。趾板开挖右岸永久边坡综合坡比为 1∶1.944～1∶1.508，趾板开挖左岸永久边坡综合坡比为 1∶1.684～1∶1.786。

两岸岸坡趾板应清除强卸荷带。开挖深度：谷底为基岩面下 2.0～3.0m；左岸垂直岸坡开挖深度 5～10m，左岸垂直岸坡开挖深度 3～5m。趾板左岸顺向坡，开挖后可能产生局部楔形岩块的不稳定问题，因此应做好锚固措施。

坝轴线上游主堆石区清除河床及两岸覆盖层、基岩强风化层，开挖至弱风化层；坝轴线下游次堆石区及两岸岸坡，清除坝基河床及两岸覆盖层，可置于强风化层岩体中上部。对两岸岸坡较陡部分进行放坡处理，以利于坝体碾压。

（二）取水塔边坡工程

取水塔边坡处理包括取水口边坡处理和上部边坡处理。

取水口边坡的开挖须在开挖线范围外一定范围进行先期适当清理，并对开挖线附近表层松动、裂隙发育岩块局部剥离后方可进行。

（三）溢洪道工程

包括引渠、闸室段建基面以上全部土石方开挖，溢洪道进水渠、闸室段、泄槽、挑流鼻坎的底板和边墙均置于弱风化基岩上；溢洪道基岩开挖坡比 1∶0.35～1∶0.75，最大高度约 49.35m（进水渠段）。

（四）取水塔工程

包括进水口段 0＋000.00 以外范围的土石方明挖工程，取水塔建基面高程 EL694.90m，边坡坡比 1∶0.3～1∶0.5。高程为 EL705.00m 以上部分结合导流洞进口边坡设置进行开挖。

（五）永久上坝公路和取水口公路

主要为覆盖层和石方开挖。

【工作目标】

（1）了解料场复查的内容和方法。

（2）掌握枢纽工程不同部位土方开挖方法及质量控制要点。

（3）掌握枢纽工程不同部位石方开挖方法及质量控制要点。

（4）能根据现场具体情况确定土方开挖方法、选择施工机械。

（5）能根据现场具体情况确定石方开挖方法、选择钻爆参数。

【任务分组】

学生工作任务书					
工作任务				建议学时	
班级		学员姓名		工作日期	
小组任务分工					
提交成果					

【引导问题】

（1）土石坝料场规划需要遵循哪些原则？

（2）水利水电工程施工中依据哪些因素进行土石分级以及分为哪些级别？

（3）常用的土方开挖机械有哪些？试比较它们的施工特点及适用范围。

（4）常用的石方开挖方法有哪些？选择石方开挖方法时需要注意哪些问题？

【工作计划】

根据小组任务分工和收集到的信息资料，制订土石方开挖施工方案编制的工作计划，利用流程图或者其他形式进行表示。

【进度决策】

分组汇报各组制订的工作计划，小组互评、教师点评，讨论确定出最终工作实施计划。

【工作实施】

一、料场开采

（一）料场复查

根据 SL 49—2015《混凝土面板堆石坝施工规范》和 SL 251—2015《水利水电工程天然建筑材料勘察规程》对料场复查的要求，确定料场覆盖层厚度、可用土料（石料）的分布情况和有效储量，全面了解土质情况和石质情况。

1. 计算边界的确定

储量计算时，应在圈定范围内，计算其有用层的总储量和上覆无用层及夹层的体积，并分区，分层，分水上、水下和分级进行计算。

（1）周边界限，应以勘探范围为基础，结合地质地貌，在同级精度的图纸上综合分析圈定。勘探范围以外的界限一般不大于勘探网点间距的 1/2。

（2）上限通常以上覆无用层底板为界，并扣除 0.2～0.3m。对于下限，当勘探坑孔已揭穿有用层，以有用层底板为界，扣除 0.2～0.3m；如未揭穿，应以实际控制的深度为界。

（3）水下储量的计算，必须有勘探控制资料与相应的试验成果，下限应不超过最大开采深度。河漫滩砂砾料水上、水下储量计算中水位的选择，应与开采期水位相适应。一般以枯水期水位为标准，严寒地区，宜以平水期水位为标准，如确无条件，可采用勘探水位。

（4）对可采用范围内的无用夹层，可按实际厚度划出，对其中的有害夹层，应按边界线向有用层方向多扣除 0.2～0.3m。

（5）临水边界的水上有用层厚度，一般不应小于 0.5m。

2. 可开采总量与坝体填筑量的比例

施工前规划料场的实际可开采总量时，应考虑料场的调查精度、料场天然容重与坝面压实容重的差值，以及开挖与运输、雨后坝面清理、坝面返工及削坡等损失。其与坝体填筑数量的比例一般为：土料 2～2.5；砂砾料 1.5～2.0；水下砂砾料 2～3；石料 1.5～2.0；反滤料应根据筛取的有效方量确定，但一般不宜小于 3。

3. 储量计算

产地总储量应分区，分层，分水上、水下储量计算，常用平均厚度法、平行断面法和三角形法。在应用中，应根据产地地形、岩层结构、勘察级别和勘探点布置情况选择一种计算方法，一般还应同时另取一种方法加以校核计算。

分级储量计算，一般在详查时，应对作为混凝土用砂砾石储量进行分级计算。

4. 技术报告及图表

料场经详查（复查）后，须提出料场相应的技术报告、图表。

（1）技术报告。

1）综述详查（复查），补充试验中各种材料试验的分析成果、技术指标的变异特征、有效开采面积、实际可开采数量的计算书及各类材料的储量。

2）确定各种材料的合格率，如土料的含水量、反滤料的不均匀系数、石料的强度等。

3）前一设计阶段遗留问题的结论性意见。

4）新发现的问题及处理措施。

（2）图表。

1）提出料场地形图、试坑及钻孔平面图、地质剖面图（土层简单时可以省略）。

2）提出坝料数量、质量分料场统计表。

土料场统计表中应包括不同含水量范围的储量、分布高程、距坝面距离、地下水位随季节变化情况、有效开采面积、可利用储量、无用量、总储量等信息；反滤料料场统计表中应包括不同砾石含量范围所占储量、分布高程、距坝距离、总储量等信息；坝壳料料场统计表中应包括河床砂、砂砾石、砂卵石储量、石料场开采的块石及石渣、建筑物开挖利用料、坝坡及棱体堆石需用石料的储量等信息。

（二）开采前准备工作

1. 划定料场范围

根据料场使用规划提出分期分批用地计划，解决征地占地问题，划定料场的边界线并埋设界标。

2. 分区分期清理覆盖层

首先应清除树根、乱石及妨碍施工的一切障碍物。对于土料场清除的覆盖层，应根据土地整治规划堆存在适当地点。料场覆盖层不厚时，可用推土机、铲运机并辅以人工清理；料场覆盖层较厚（在3m以上）时，则用挖掘机装汽车挖除。对于石料场的表层风化岩石，需浅孔爆破后与表土一起清除。料场覆盖层一般应在修建施工道路后进行清理，以便使用机械施工；只有当工期紧迫时，才考虑在修建道路时用人工先清除一部分覆盖层，以便道路修通后可立即开采。

3. 设置排水系统

对于土料场，应在周围布置截水沟阻挡场外水流进入开采区，并应根据地形、取土面积及施工期降雨强度，在料场内布置表面排水系统。对于较大的河滩砂砾料场，应筑堤以防止洪水淹没，必要时设置抽水井，降低地下水位。

4. 修建施工线路

根据料场使用要求，制定线路分期修建的进度计划。一般应先修建干线（特别是施工初期就要使用的干线段），然后再分期延伸干线、分期修建支线及场内临时线。线路施工包括路基施工、桥涵及隧洞修建，路面铺筑及照明安装等项目，并应严格控制施工质量和工期。

5. 修建辅助设施

辅助设施包括风、水、电系统，机械修配站，破碎筛分系统，仓库（油库、炸药库、材料库、工具库等）以及坝料加工、堆（弃）场地、装料站台等。

（三）土料开采

根据企业生产技术水平、土料工程特性、施工进度要求选择合适的挖运机械和挖运方法。

（四）石料开采

1. 石料场爆破开采

根据石料开采要求进行钻爆参数设计，组织爆破试验，优化爆破参数。

2. 超径块石处理

（1）石料的允许最大块度。按填筑层厚度控制的允许最大块度，可以填筑层厚度的2/3～4/5为限；按挖掘机斗容限制的石料允许最大块度见表3-2。

表3-2　按挖掘机斗容限制的石料允许最大块度

挖掘机斗容/m^3	6	3～4	1	0.5
允许最大块度/m	1.4	1.2	0.6	0.6

（2）超径块石的破碎。

1）浅孔爆破法。破碎超径块石常用手持式风动凿岩机钻孔爆破。对四面临空的大块岩石，可参照表3-3中推荐的数值布孔和计算药量。

表3-3　浅孔爆破法破碎超径块石钻孔爆破参数参考值

大块体积/m^3	厚度/m	炮孔深度/cm	炮孔数目/个	装药量*/(g/孔)
0.125	0.5	25～35	1	8～15
0.25	0.65	35～45	1	12～20
0.5	0.8	45～55	1	20～30
1.0	1.0	55～65	1	35～70
2.0**	1.0	55～65	2	35～70
3.0	1.5	75～100	2	65～100

*　炸药为2号岩石铵梯炸药，岩石坚硬完整时取最高值；

**　石块为长方形。

2）机械破碎法。机械破碎法可采用风动和液压冲击锤破碎超径块石。其中常采用液压破石锤，因与风动破石锤相比较，其具有轻便、冲击功能大、噪声低、污染少、安全等优点。

液压冲击锤可安装在液压挖掘机的斗臂上，在采石场各个工作面巡回破碎超径块石。挖掘机与冲击锤的重量比一般在10∶1～30∶1之间。用冲击锤来破碎1.5～2.0m^3大块石的费用为钻爆法的20%～60%。

3. 石料的采装

石料采装和土料立面采装相似，但多用斗容2～8m^3的挖掘机或装载机侧面装车，回转角度一般不超过90°，配合10～60t自卸汽车运输，用推土机作平整装料工作面、维护道路等辅助工作。

4. 砂砾石料开采

（1）水上开采。

开采水上砂砾石料应在清除料场覆盖后进行，其开采方法与土料基本相同，最常用的为挖掘机立面开采方法。如砂砾石中含有少量超径料，可用挖斗剔除，并用推土机推至不妨碍装车及运输的地段堆放。当超径料较多时，可架设格筛剔除。对于粒径不大的砂砾料，还可根据具体施工条件考虑采用推土机或铲运机采运集料，挖掘机或装载机装载的方法。

如果砂砾石料中含有土料等夹层，则应予以清除。挖除方法视夹层厚度而定。砂砾石料场含有胶结层或沉积致密时，可爆破松动后再用挖掘机采装。

料场地下水位较高时，可采取截断水源或抽水降低地下水位的措施，将水下开采变为水上开采。在开采前，先开挖集水坑，降低地下水位。开采掌子面高度约为3m，集水坑深度约3.5m，分层开采砂砾料。

（2）水下开采。

1）采砂船开采。

采砂船开采有静水开挖、逆流开挖、顺流开挖等三种方法。静水开挖时，细料流失少、料斗易装满，应优先采用。在流水中（流速应小于3m/s）一般采用逆流开挖，特殊情况下才采用顺流开挖。

2）拉铲挖掘机开采。

常选用斗容4m³以上的步行式拉铲，最大挖掘半径可达45m以上。因其斗容较大，故可开采粒径较大的砂砾料。采装方法有以下三种：

a. 拉铲开采，直接装汽车。此法装车时间较长。

b. 拉铲采料堆集成料堆，然后用正铲挖掘机或装载机装车。此法可以充分发挥拉铲效率，并缩短装车时间，但需增加转装机械。

c. 拉铲采料，卸至转料漏斗装车。转料漏斗可为自行式或牵引式，其容积为铲斗容积的3～5倍。这一方法不仅可以发挥拉铲效率、缩短装车时间、使采装两个工序同时进行，而且不需要增加转装机械。

二、土方开挖

（一）坝基开挖

1. 正铲挖掘机开挖、自卸汽车运土

这是一种被广泛采用的施工方法，其典型布置如图3-1所示。

（1）台阶高度h_1的选择，一般按下式计算：

$$h_1 = h_x - h_q - 0.5 \tag{3-1}$$

式中　h_1——开挖台阶高度，m；

h_x——正铲挖掘机的卸土高度，m；

h_q——车箱高度，m。

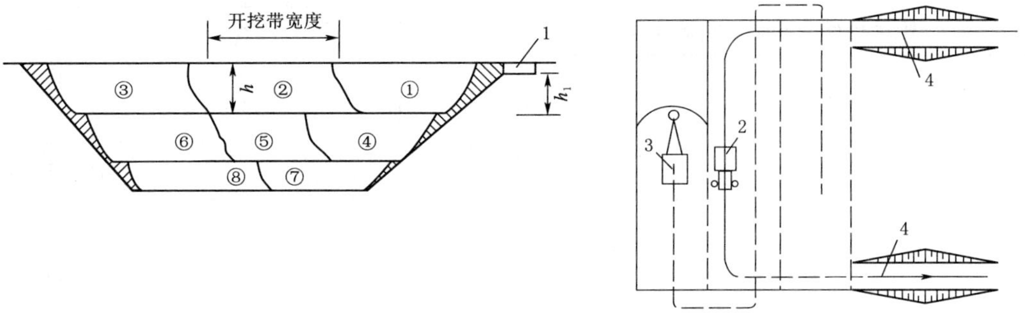

（a）剖面图（影线部分为修坡范围）　　　（b）平面图

图 3-1　正铲挖掘机开挖闸、坝基坑示意图

1—初始汽车路；2—汽车；3—正铲；4—进出汽车坡道；

①～⑧—开挖顺序；h_1—台阶高度；h—土掌高度

（2）土掌高度 h 的选择。适宜的土掌高度参见表 3-4。

表 3-4　　适宜的土掌高度

正铲斗容/m³	适宜的土掌高度/m		
	松散的砂砾	壤土	黏土
0.5	1.6	2.0	24
1.0	2.0	2.7	3.1
2.0	2.6	3.5	4.2
3.0	2.9	4.2	4.9
4.0	3.1	4.7	5.5

（3）根据基坑的开挖宽度和正铲开挖宽度选定开挖带宽度。侧向卸土的最大开挖带宽度见表 3-5。

表 3-5　　最大开挖带宽度

正铲斗容/m³	最大开挖带宽度/m	
	台阶土掌	平层土掌
0.5	9.0	10.5
1.0	12.2	13.7
2.0	14.1	16.4
3.0	18.2	19.5
4.0	19.5	20.5

（4）必要时应配备推土机或装载机作为辅助机械，用以维修道路、平整土场、开挖边角土方以及最后挖除基坑内的坡道。当地下水渗漏量较大时，还可配备小型抓斗（0.5～1.0m³）挖掘机或反铲挖掘机用以开挖泵坑、排水边沟。

2. 铲运机开挖

铲运机开挖适用于挖方深度不超过 5m、运距不超过 800m 的土方开挖。铲运机行走坡度不宜超过 10%～15%，坡道宽度可参考表 3-6，其平面布置如图 3-2 所示。

表 3-6　铲运机行走坡道宽度参考表

铲斗容量/m^3	坡 道 宽 度/m	
	单车道	双车道
2.5	3.5～4.0	6.5～7.0
6	4.0～4.5	7.5～8.0
7	4.0～4.5	7.5～8.0
9	4.5～5.0	8.0～8.5

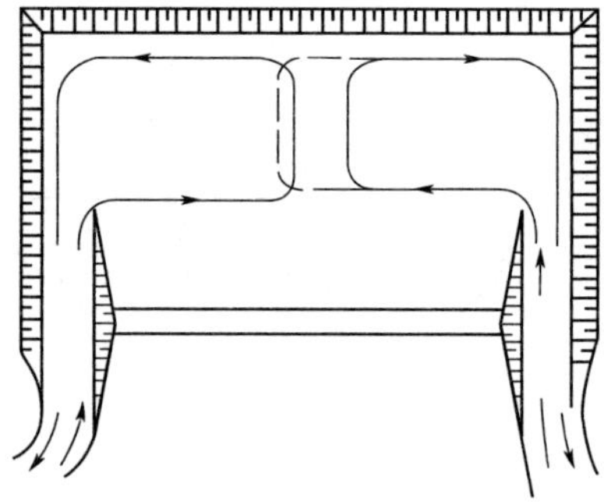

图 3-2　铲运机开挖基坑平面示意图

3. 推土机开挖

推土机开挖适用于上下游有较开阔的堆料场，深度在 2m 以内的基坑开挖。其布置如图 3-3 所示。推土机在上坡地段推土时，坡度不宜超过 15%。弃土堆的平均高度则不宜超过 5m。

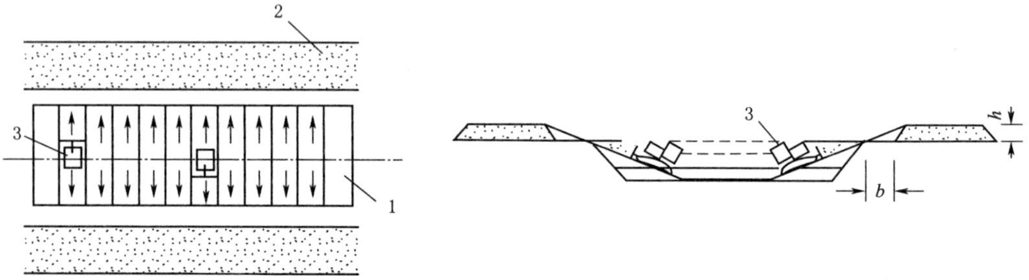

(a) 平面图　　(b) 剖面图

图 3-3　推土机开挖基坑示意图

1—基坑；2—卸土区；3—推土机；b—弃土最短距离；h—弃土堆高度

4. 拉铲挖掘机开挖、直接卸土于基坑周围

这种方法适用于基坑面积不大、拉铲的工作半径及开挖宽度同卸土范围相适应的情况，其工作参数参见表 3-7；否则，亦应装车外运，其布置如图 3-4 所示。

表 3-7　拉铲挖掘机开挖、卸土工作参数

斗容/m^3	臂杆长/m	基坑宽度/m	卸土半径/m	平台宽度/m	深挖/m
0.5～1.0	13	22	13	3～5	5～9
1～2	16	28	16	3～5	7～12
1～2	19	34	19	3～5	9～16
1～4	24	44	24	3～5	12～20
4	40	76	40	3～5	23～32

（二）溢洪道开挖

溢洪道开挖（土基溢洪道或岩基溢洪道上部的覆盖层），可选用正铲挖掘机、铲运机等机械，常用开挖方式如图 3 - 5 所示。

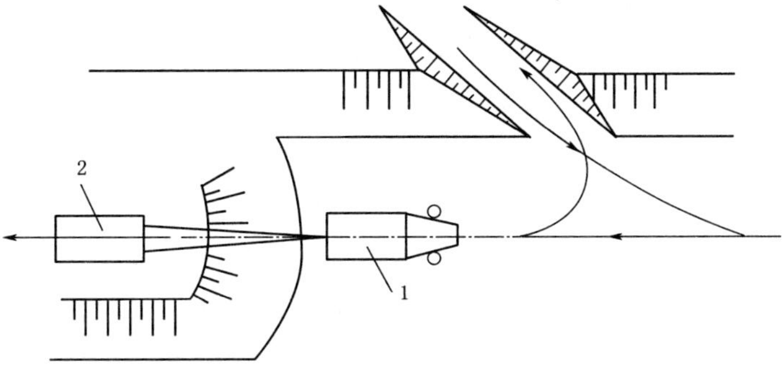

图 3 - 4　拉铲开挖基坑装运示意图

1—自卸汽车；2—拉铲挖掘机

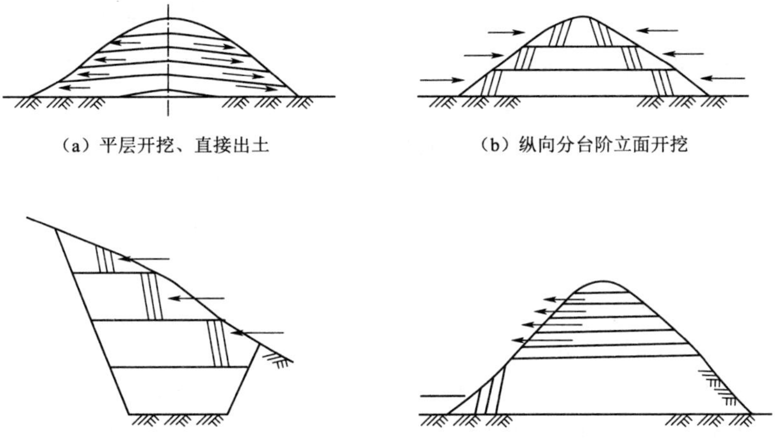

（a）平层开挖、直接出土　（b）纵向分台阶立面开挖

（c）横向分台阶立面开挖　（d）先立面、后平层开挖

图 3 - 5　机械开挖溢洪道方式示意图

1. 铲运机开挖

它适用于无地下水影响的溢洪道开挖工程。为了提高铲运机生产效率，应尽量缩短运行路线和切土时间，一般可采用图 3 - 6 所示的几种方式。

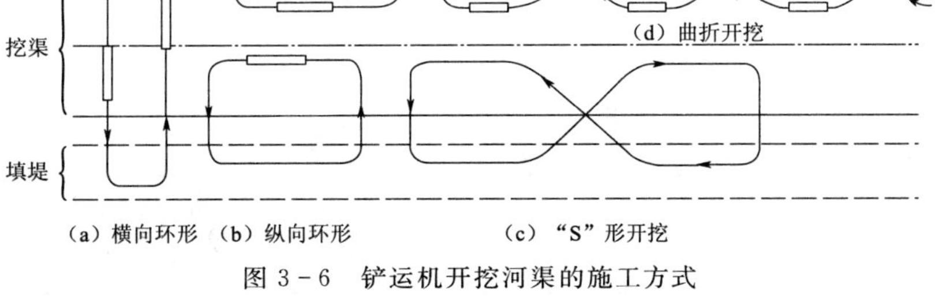

（a）横向环形　（b）纵向环形　（c）“S”形开挖

图 3 - 6　铲运机开挖河渠的施工方式

2. 正铲挖掘机开挖

它适用于土方量比较集中、工程量较大的溢洪道工程，或在土方需要外运、而且运距较远的情况下采用，其开挖方式与基坑开挖相似。

三、石方开挖

（一）开挖程序

1. 选择开挖程序的原则

从整个枢纽工程施工的角度考虑，选择合理的开挖程序，对加快工程进度具有重要作用。选择开挖程序时，应综合考虑以下原则：

（1）根据地形条件、枢纽建筑物布置、导流方式和施工条件等具体情况合理安排。

（2）把保证工程质量和施工安全作为安排开挖程序的前提。尽量避免在同一垂直空间同时进行双层或多层作业。

（3）按照施工导流、截流、拦洪度汛、蓄水发电以及施工期通航等项工程进度要求，分期、分阶段地安排好开挖程序，并注意开挖施工的连续性和考虑后续工程的施工要求。

（4）对受洪水威胁和与导、截流有关的部位，应先安排开挖；对不适宜在雨、雪天或高温、严寒季节开挖的部位，应尽量避开这种气候条件安排施工。

（5）对不良地质地段或不稳岩体岸（边）坡的开挖，必须充分重视，做到开挖程序合理、措施得当、保障施工安全。

2. 开挖程序及其适用条件

水利水电工程的基础石方开挖，一般包括岸坡和基坑的开挖。岸坡开挖一般不受季节限制；而基坑开挖则多在围堰的防护下施工，它是主体工程控制性的第一道工序。对于溢洪道或渠道等工程的开挖，如无特殊的要求，则可按渠首、闸室、渠身段、尾水消能段或边坡、底板等部位的石方做分项分段安排，并考虑其开挖程序的合理性。设计时，可结合工程本身特点，参照表 3-8 选择开挖程序。

表 3-8　石方开挖程序及适用条件

开挖程序	安排步骤	适用条件
自上而下开挖	先开挖岸坡，后开挖基坑；或先开挖边坡，后开挖底板	用于施工场地窄小、开挖量大且集中的工程部位
自下而上开挖	先开挖下部，后开挖上部	用于施工场地较大、岸坡（边坡）较低缓或岩石条件许可并有可靠的技术措施的工程部位
上下结合开挖	岸坡与基坑或边坡与底板上下结合开挖	用于有较宽阔的施工场地和可以避开施工干扰的工程部位
分期或分段开挖	按照施工时段或开挖部位、高程等进行安排	用于分期导流的基坑开挖或有临时过水要求的工程项目

石方开挖程序如图 3－7 所示。

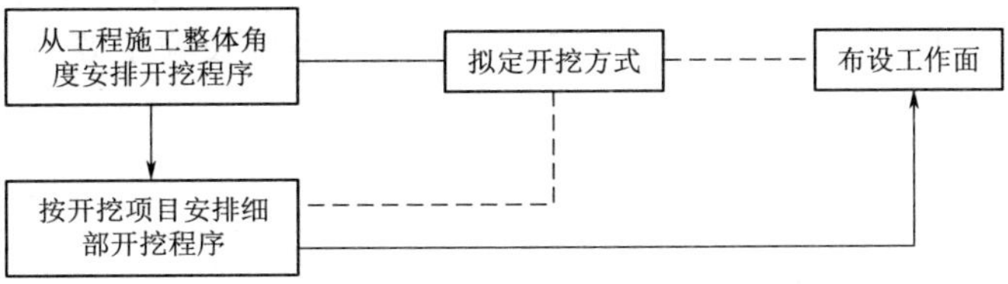

图 3－7　石方开挖程序图

（二）开挖方式选择

1. 基本要求

在开挖程序确定之后，根据岩石条件、开挖尺寸、工程量和施工技术要求，通过方案比较拟定合理的开挖方式。其基本要求：①保证开挖质量和施工安全；②符合施工工期和开挖强度的要求；③有利于维护岩体完整和边坡稳定性；④充分发挥施工机械的生产能力；⑤辅助工程量小。

2. 各种开挖方式的适用条件

按照破碎岩石的方法，常用的有钻爆开挖和直接应用机械开挖两种开挖施工方法。

（1）钻爆开挖。钻爆开挖是当前广泛采用的开挖施工方法。开挖方式有薄层开挖、分层开挖（梯段开挖）、全断面一次开挖和特高梯段开挖等。其适用条件及优缺点见表 3－9。

表 3－9　钻爆开挖适用条件及优缺点

开挖方式	特　点	适　用　条　件	优　缺　点
薄层开挖	爆破规模小	一般开挖深度≤4m	①风、水、电和施工道路布置简便；②钻爆灵活，不受地形条件限制；③生产能力低
分层开挖	按层作业	一般层厚＞4m，是大方量石方开挖常用的方式	①几个工作面可以同时作业，生产能力高；②在每一分层上都需布置风、水、电和出渣道路
全断面一次开挖	开挖断面一次成型	用于特定条件下的一种方式	①单一作业，集中钻爆，施工干扰小；②钻爆作业占用时间长
特高梯段开挖	梯段高 20m 以上	用于高陡岸坡开挖	①一次开挖量大，生产能力高；②集中出渣，辅助工程量小；③需要相应的配套机械设备

（2）直接应用机械开挖。该法使用带有松土器的重型推土机破碎岩石，一次破碎深度为 0.6～1.0m，该法适用于施工场地宽阔、大方量的软岩石方工程。优点是没有钻爆工序作业，不需要风、水、电辅助设施，不但简化了场地布置，而且施工进度快，生产能力高。但不适于破碎坚硬岩石。

（三）坝基开挖

当开挖程序确定之后，开挖方式的选择主要取决于总开挖深度、具体开挖部位、开挖量、技术要求，以及机械化施工程度等因素。

1. 薄层开挖

基岩开挖深度小于等于 4m，采用浅孔爆破。开挖方式有劈坡开挖、大面积群孔爆破开挖、先掏槽后扩大开挖等，如图 3-8 所示。其适用条件及施工要点见表 3-10。

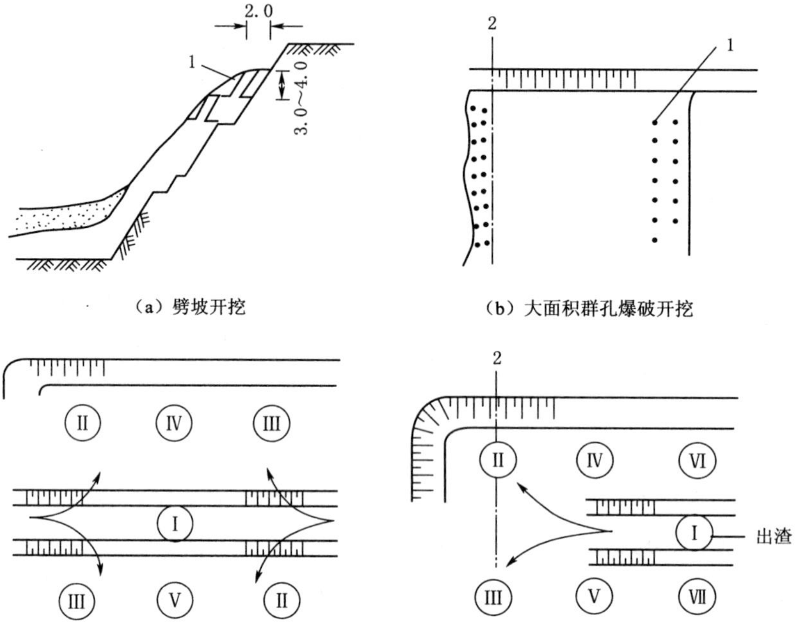

（a）劈坡开挖　（b）大面积群孔爆破开挖

（c）掏槽开挖（1）　（d）掏槽开挖（2）

图 3-8　薄层开挖方式示意图（单位：m）

Ⅰ～Ⅶ—开挖顺序；1—炮孔；2—坝轴线

表 3-10　**薄层开挖方式选择**

类型	适用条件	施工要点
劈坡开挖	开挖深度小、坡度陡的岸坡	自上而下每次钻爆深度 3～4m，一般情况由人工翻渣至坡脚处，然后挖除
大面积群孔爆破开挖	开挖深度小于 2～3m 的基坑；应用手风钻钻孔、小型机械或人工半机械化施工	钻孔深度 2m 左右，一次孔数 100～600 孔、爆破面积 500m^2 左右；推土机集渣，由一端或两端出渣
先掏槽后扩大开挖	开挖深度小于 4m 的基坑；应用中小型机械施工	一次钻孔深度 3m 左右；以掏槽爆破创造临空面和打通出渣道、由一端或两端出渣

2. 分层开挖

开挖深度大于 4m 时，一般采用分层开挖。开挖方式有自上而下逐层爆破开挖、台阶式分层爆破开挖、竖向分段爆破开挖、深孔与洞室组合爆破开挖，以及洞室爆破开挖等。其适用条件及施工要点见表 3-11。

3. 全断面开挖和高梯段（大于 20m）

开挖主要特点是通过钻爆使开挖断面一次成型。

表 3-11　　分层开挖方式选择

类型	适用条件	施工要点
自上而下逐层爆破开挖	开挖深度大于 4m 的基坑；需要有专用深孔钻机和大斗容、大吨位的出渣机械	先在中间开挖先锋槽（槽宽应大于或等于挖掘机回转半径），然后向两侧扩大开挖
台阶式分层爆破开挖	挖方量大、边坡较缓的岸坡；开挖断面需满足大型施工机械联合作业的空间要求	在坡顶平整场地和在边坡上沿每层开辟施工道路；上下多层同时作业时，应予错开，并进行必要的防护
竖向分段爆破开挖	边坡较高、较陡的岸坡	由边坡表面向里，竖向分段钻爆；爆破后的石渣翻至坡脚处，集中出渣
深孔与洞室组合爆破开挖	分层高度大于钻机正常钻孔深度的岸坡	梯段上部布置深孔，梯段下部布置洞室
洞室爆破开挖	平整施工场地和开辟施工道路，为机械施工创造场地条件	开挖 1.6m×1.4m 导洞，在洞内开凿洞室

4. 溢洪道开挖程序和方式

（1）开挖程序。

1）溢洪道的常用过水断面一般为梯形或矩形。选择开挖程序应考虑现场地形与施工道路等条件，结合混凝土衬砌的安排以及拟采用的施工方法等，参考表 3-12 选择其开挖程序。

表 3-12　　溢洪道开挖程序选择

选择的主要因素	程序开挖	适用工程类型
考虑临时泄洪的需要安排开挖程序	分期开挖、每一期根据需要开挖到一定高程	溢洪道
根据现场的地形、道路等施工条件和挖方利用情况安排开挖程序	可分期、分段开挖	溢洪道
结合混凝土衬砌边坡和浇筑底板的顺序安排开挖程序	先开挖两岸边坡、后开挖底板，或上下结合开挖	溢洪道
按照构筑物的分类安排开挖程序	先开挖闸室或渠首、后开挖消能段或渠尾部分	溢洪道，渠道
根据采用人工或机械等不同施工方法划分开挖段	分段开挖	渠道

2）开挖程序设计须注意以下 4 个问题。①应在两侧边坡顶部修建排水天沟，减少雨水冲刷。施工中要保持工作面平整，并沿上下游方向贯通以利排水和出渣；②根据开挖断面的宽窄、长度和挖方量的大小，一般应同时对称开挖两侧边坡，并随时修整，保持稳定；③对窄而深的渠道，爆破受两侧岩壁的约束力大，爆破效果一般较差，应结合钻爆设计安排合理的开挖程序；④渠身段可采用大爆破施工方法，但要注意控制渠首附近的最大起爆药量，防止破坏山岩而造成渗漏。

（2）开挖方式。

表 3-13 列出了溢洪道的 7 种开挖方式及其适用条件、施工要点；图 3-9～图 3-11 展示了其中几种爆破开挖方式。

表 3-13　　　　溢洪道开挖方式选择

方式开挖	适　用　条　件	施　工　要　点
深孔爆破	为常规开挖施工方法，应用广泛	先中间挖槽贯通上下游，然后向两侧扩大开挖；由一端或两端同时向中间推进
扬弃爆破	用于揭露地表覆盖层或开挖渠身段	先沿轴线方向开挖平导洞，然后向两侧开挖洞室，爆破后的石渣可大部分抛至开挖断面外
小型洞室爆破	在缺少专用深钻机条件下采用的一种开挖方式	沿轴线方向布置多排竖井洞室，靠近两侧边坡处布置蛇穴洞室
分层分块钻孔爆破	用于人工半机械化或中小型机械施工	根据施工机械化程度确定分层厚度和分块的尺寸
楔形掏槽爆破	用于开挖深度一般小于 6m 的浅窄渠道	沿轴线方向进行掏槽爆破、两侧边坡钻预裂孔、底板预留保护层
定向爆破	用于浅渠开挖	爆破的石渣按预定的一侧或两侧抛至断面以外，通过爆破使渠道成型
直接应用机械	用于软岩开挖	利用带有松土器的重型推土机分层破碎，每次破碎厚度为 0.5～1.0m

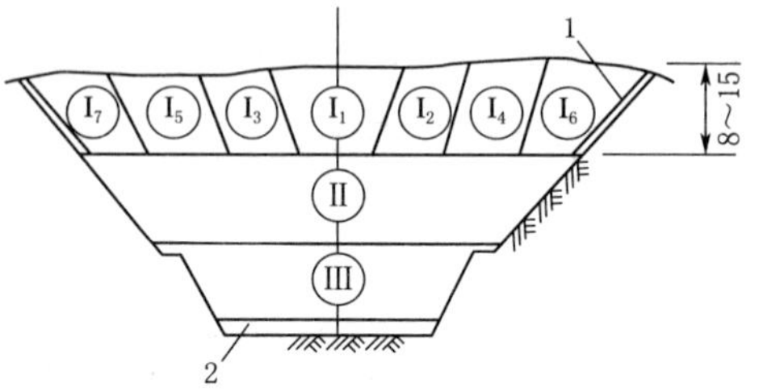

图 3-9　溢洪道深孔爆破开挖图（单位：m）
Ⅰ（$Ⅰ_1$、$Ⅰ_2$、$Ⅰ_3$ 等）、Ⅱ、Ⅲ——起爆顺序；
1—预裂孔；2—保护层

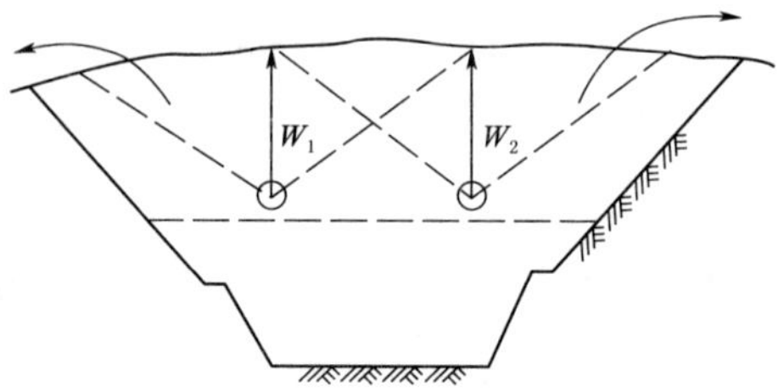

图 3-10　溢洪道扬弃爆破开挖
W_1、W_2—最小抵抗线方向

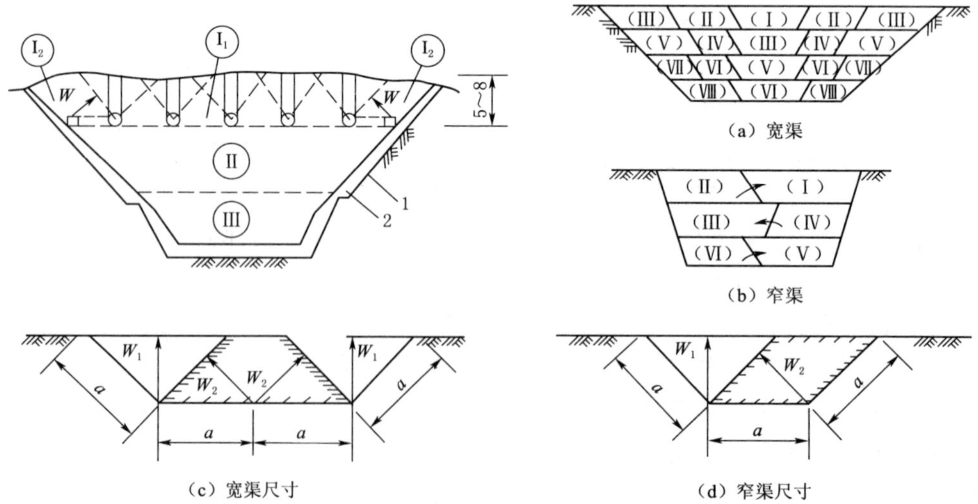

图 3-11　溢洪道定向爆破开挖（单位：m）
Ⅰ（$Ⅰ_1$、$Ⅰ_2$）～Ⅷ——起爆顺序；W_1、W_2—最小抵抗线方向；1—预裂孔；2—保护层

【评价反馈】

组内、组间学生相互检查评价，教师检查评价。主要检查内容包括：所完成任务内容完整性、条理清晰性、计算准确性、专业术语用词准确性、书写工整情况等。

【相关知识点】

一、坝基和岸坡开挖相关规定

坝基、趾板地基及岸坡处理应按隐蔽工程要求进行施工并检查验收。开挖及处理过程中应如实、准确地进行地质描绘、编录及整理。如发现新的地质问题，应及时报监理工程师研究处理。

坝基与岸坡施工应设置防渗及排水系统，使开挖、基础处理和其他施工作业在无积水条件下进行，并能有效地拦截各种地表和地下水流，防止冲刷边坡和垫层。

坝基与岸坡处理施工前，应提前处理坝体轮廓线以外影响施工的危岩、浮石等不稳定体。应辨识岸坡施工危险源，采取措施确保施工安全。

截流前宜完成水上部分的两岸边坡、趾板地基开挖，以及岸边溢洪道等项目中干扰坝体填筑部位的开挖。

坝基与岸坡开挖应自上而下进行，岸坡有支护措施时，宜自上而下随岸坡开挖一次完成。临时边坡应满足稳定要求。

岩石岸坡开挖清理后的坡度，应符合设计要求。当岩石边坡存在局部反坡或凹坑时，应按设计要求处理。趾板上方不稳定的岩坡，应按设计要求加固处理。

对爆破开挖趾板地基，应采取控制爆破技术，必要时可预留保护层。

二、开挖设备选型与配套

（一）选型与配套原则

1. 选型原则

（1）根据地形条件、开挖强度、工程量大小、配套运输设备等进行选择，应首先确定开挖工序中起控制性作用的主导设备。

（2）按机械用途和性能选型。对于以挖掘作业为主的土石方工程应优先选用挖掘机；铲运土方并需平整的工程应根据作业场地的大小选择推土机或者铲运机；运输机械吨位大小取决于施工道路和配套的挖掘设备。

（3）按施工经济性选择机械。挖掘机械经济运距见表3-14。

表3-14　挖掘机械经济运距表

机　械	推土机	轮式装载机	自行铲运机	拖式铲运机
运距/m	<100	<150	<1500	<500

（4）优先选择生产效率高的设备，但型号不宜过多。

（5）优先选择一机多用、性能优良的设备，尽量少选专用设备。

（6）优先选择配件供应、设备维修等市场较为发达的常用设备。

2. 配套原则

(1) 选用配套机械设备，其性能和参数应满足施工组织设计；与工程施工条件、施工方案和工艺流程相符合；与开挖地段的地形和地质条件相适应；能满足开挖强度和开挖质量的要求。

(2) 开挖过程中各工序所采用的机械，要注重相互间的配合，应能充分发挥其生产效率，确保生产进度。

(3) 选用配套机械设备，应首先确定开挖工序中起主导、控制作用的机械。如运输机械的车厢容积一般为挖掘机械的 3～5 倍。其他机械随主导机械而定，生产能力应略大于主导机械的生产能力，达到效能的合理匹配。

(4) 对选用的机械设备，要从供货渠道、产品质量、操作技术、维修保养、售后服务和环保性能等方面进行综合评价，确保技术可靠，经济适用。

(5) 有利于计算机控制，适应信息化管理。

(二) 设备选型

常用的土方挖装机械有推土机、正铲及反铲挖掘机、装载机、铲运机、抓斗挖掘机、拉铲挖掘机、斗轮挖掘机等。铲运机同时具有运输和摊铺功能。

常用的土方运输机械有自卸汽车、皮带运输机、卷扬机、拖拉机等。

土方开挖施工机械的选择应根据工程规模、工期要求、地质情况以及施工现场条件等来确定，常用土方机械性能及其适用范围可参考表 3-15。

表 3-15　　常用土方机械性能及其范围表

机械名称、特性			作业特点	辅助机械	适用范围
挖运机械	推土机	操作灵活，运转方便，工作面小，可挖土、运土，应用广泛	①平整、堆集；②运距 100m 内的推土；③浅基坑开挖；④铲运机助铲	土方运输需配备装运设备；推挖Ⅲ～Ⅳ类土，应用松土器预先翻松，有的Ⅴ类土也可用裂土器裂松	①Ⅰ～Ⅳ类土；②场土平整，料堆平整；③短距离挖填，可填基坑（槽）、管沟并压实；④配合装载机集中土方，清理场地、修路开道等
	铲运机	操作灵活，能独立完成铲、运、卸、填筑、压实等工序，行驶速度快，生产效率高	①大面积整平；②开挖大型基坑、沟渠；③牵引式铲运机的运距在 500m 内，自行式铲运机的运距一般为 1000～1500m；④土方挖运，填筑路基、堤坝	开挖Ⅲ类、Ⅳ类土宜先用松土器预先翻松 20～40cm；自行式铲运机适合于较长距离挖运	①开挖含水量 25%以下Ⅰ～Ⅲ类土，土层内不含有卵砾和碎石；②大面积开挖、运输；③运距 1500m 内的土方挖运、铺填（自行式）
挖装机械	正铲挖掘机	装车轻便、灵活，回转速度快，移位方便，适应能力强，能挖掘坚硬土层，易控制开挖尺寸，工作效率高	①开挖停机面以上的土方；②工作面应在 2.0m 以上，开挖高度超过挖土机挖掘高度时，可采取分层开挖，装车外运	土方外运应配备自卸汽车，工作面应有推土机配合清表、平场等	①开挖Ⅰ～Ⅲ类土和经爆破后的岩石与冻土碎块；②独立基坑、边坡开挖

续表

机械名称、特性			作业特点	辅助机械	适用范围
挖装机械	反铲挖掘机	除具有正铲挖掘机的性能外，还有较强的爬坡和自救能力	①开挖停机面以下的土方；②最大挖土深度和经济合理深度随机型面异；③可装车和两边甩土、堆放；④较大、较深基坑可用多层接力挖土	土方外运应配备自卸汽车	①Ⅰ～Ⅲ类土开挖；②管沟和基槽开挖；③边坡开挖及坡面修整；④部分水下开挖
	装载机	操作灵活，回转移位方便、快速，可装卸土方和散料，行驶速度快、效率高	①短距离内自铲自运；②开挖停机面以上土方；③轮胎装载机运距一般不超过100～150m，履带式装载机不超过100m；④轮胎式只能装松散土方，履带式可装较密实土方	土方外运应配备自卸汽车，作业面需用推土机配合	①土方装运；②履带式换挖斗时，可用于土方开挖；③地面平整和场地清理等工作
	拉铲挖掘机	挖掘半径及卸载半径大，操作灵活性较差，效率较低	①开挖停机面以下土方；②可装车和甩土；③开挖截面误差较大；④可将土甩在基坑（槽）两边较远处堆放	土方外运应配备自卸汽车	①挖掘Ⅰ～Ⅲ类土；②河床疏浚；③水下挖取泥土
	抓铲挖掘机	钢丝绳牵拉灵活性较差，工效不高，不能挖掘硬土	①开挖直井或沉井土方；②可装车或甩土；③排水良好的深坑井挖	土方外运应配备自卸汽车	①土层比较松软、施工面较狭窄的深基坑、基槽；②水中挖取土沙或经爆破后的石渣；③桥基、桩孔挖土
	斗轮挖掘机	电力驱动，工作效率高，成本低，体积庞大，运输不便	①立面开挖停机面以上的土方；②自然方和松方均可；③可与自卸汽车和皮带机配套使用	配备带式运输机和自卸汽车外运	①大体积的土方开挖工程，如土石坝料场开挖；②高度在4.5m以上的掌子面

（三）设备配套

1. 土石方机械产量指标

以机械设备的台班（时）产量为基本产量指标。机械设备的实际生产能力与其完好率、利用率和生产效率有关。上述“三率”是评定机械化施工管理水平的主要指标。“三率”的高低取决于机械设备的品质、现场作业条件以及生产调度管理、维修保养和操作人员的技术水平等。确定机械设备的产量指标时，要遵照现行定额，结合工程的具体情况，进行分析综合选用。

（1）机械设备作业效率。施工机械的作业效率反映机械在施工时段有效利用程度。由于影响机械作业效率的因素很多，一般可用时间利用系数 k_t 来综合机械的影响程度。确定 k_t 的最好方法是现场测定机械的时间利用情况，并求得机械设备的台班（时）作业效率。

（2）常用土石方机械产量指标。常用土石方机械设备年产量和作业天数参考指标见表3－16。常用土石方机械完好率、利用率参考指标见表3－17。

表 3-16　　常用土石方机械设备年产量和作业天数参考指标

机械名称	计算内容	年产量		全年作业天数指标
		单位	指标	
正铲单斗挖掘机 $4m^3$ 以上	每立方米斗容的挖土量	万 m^3	4.0～11	135～184
轮式装载机、铲运机 $3m^3$ 以下	每立方米斗容的挖土量	万 m^3	0.6～1.2	123～184
推土机	每马力推土量	m^3	160～320	135～172
自卸汽车	每吨载重能力运输量	m^3	985～3000	160～197

表 3-17　　常用土石方机械完好率、利用率参考指标

机械名称	完好率/%	利用率/%	机械名称	完好率/%	利用率/%
挖掘机	80～95	55～75	自卸汽车	75～95	65～80
推土机	75～90	55～70	装载机	75～95	60～90
铲运机	70～95	50～75	机动翻斗车	80～95	70～85

2. 配套计算

在土方开挖工程中，挖掘机械往往是主导机械。因此，开挖机械的选型配套及数量计算，主要是如何合理选择挖土机械和与之相匹配的运输机械类型和数量。其他各种辅助设备的类型和数量应根据主导机械的需要合理配置。

土方开挖机械配套及数量计算包括：合理选择主要挖土机械和与之相适应的运土机械的类型和数量；选择配合主要挖土机械辅助机械和清理挖方中残留土方的机械；弃土场的卸土、弃土、平整机械；运土机械的装卸辅助设备（漏斗等）及修建养护道路的机械设备；确定对施工强度、工程单价起决定性作用的主导机械，其他各种机械的类型和数量应服从主导机械进行配置；尽量减少机械的类型、规格，以利调度管理和维修。

在土方开挖工程中，多数情况下挖土机械往往是主导机械；有时运土机械也可能成为主导机械。直接进行施工的主导机械的数量按式（3-2）确定：

$$N=\frac{Q}{TmP} \tag{3-2}$$

式中　N——主导机械数量，台；

Q——土方开挖工程量，m^3；

T——施工期限内，扣除停工后的有效施工天数，d；

m——每日施工班数，班；

P——机械的台班产量，根据定额或生产率计算确定，m^3/台班。

工地上应拥有的机械数量为

$$N=\frac{N}{K_w K_L} \tag{3-3}$$

式中　K_w、K_L——机械的完好率和利用率。

（1）挖掘设备与自卸汽车的配套

1）以挖掘机为主导机械。按照工作面的作业参数和条件选用挖掘机，再选用与挖掘

机相配套的自卸汽车。

2）汽车斗容积与挖掘机的斗容积比 n 应适当。大斗容积的挖掘机不应配用斗容小的自卸汽车，否则不但生产效率不高，自卸汽车也易损坏。运距较远时，小斗容积挖掘机也可适当配一些大汽车。汽车容积与铲斗容积之合理比值 n 见表 3-18。

表 3-18 汽车容积与铲斗容积之合理比值 n 取值表

运 距/km	n	
	挖掘机	装载机
<1	3～5	3
1～2.5	4～7	4～5
3～5	7～10	4～5

3）自卸汽车数量计算。配备自卸汽车数量应充分考虑开挖工程的特点，一般要考虑以下几点：装车工作面狭窄，易造成自卸汽车长时等待；装载工序受其他工序干扰时，时间利用率降低；出渣道路的好坏，将影响汽车的通行能力。

汽车数量 N_q 应满足挖掘机的连续开挖，即：

$$N_q = \frac{T}{t_z} \tag{3-4}$$

式中 N_q——汽车数量，台；

T——汽车运土一次循环时间，min；

t_z——挖掘机装车所需时间，min。

（2）挖掘设备与带式输送机的配套。正铲挖掘机与带式输送机的配套见表 3-19。

表 3-19 正铲挖掘机与带式输送机的配套参考表

正铲斗容积/m^3	0.5				1				3			
正铲台数/台	1		2		1		2		1		2	
带宽/mm	500	400	800	500	650	500	800	650	1000	650	1200	1000
带速/(m/s)	1.5	2.5	1	2.5	1.5	2.5	2	3	1.5	3	1.5	3

任务四　土石方填筑

【工作任务】

认真阅读招标文件中工程概况及相关工程条件资料，针对枢纽不同部位的土石方填筑工程，选择合适的施工机械和施工方法。结合施工进度和拦洪度汛要求确定坝体分期填筑方案，对坝面填筑进行流水作业设计，制定质量、安全保证措施，汇总形成土石方填筑施工方案。

工作任务基本资料如下：

本工程土石方填筑工程主要为面板堆石坝、溢洪道、取水口、公路和临时工程等填筑工程的施工。主要填筑工程量见表 4-1。

表 4-1　　　　土石方主要填筑工程量表

编号	项　目　名　称	单　位	数　量	备　注
一	大坝工程			
1	垫层料	m^3	17510	
2	过渡层料	m^3	23990	
3	主堆石区	m^3	183480	
4	次堆石区（料场开挖）	m^3	63160	
5	次堆石区（溢洪道开挖利用料）	m^3	51000	
6	土铺盖	m^3	5600	
7	石渣盖重	m^3	11400	
8	特殊垫层料	m^3	3710	
9	下游干砌块石护坡	m^3	4470	
10	排水棱体	m^3	4220	
二	取水口公路			
1	土石回填	m^3	800	
2	碎石垫层	m^3	174	
3	手摆片石基层	m^3	105	
三	溢洪道			
1	石渣回填	m^3	810	
四	取水塔工程			
1	石渣回填	m^3	165	

【工作目标】

（1）了解土石方平衡调配的意义和做法。

（2）掌握面板堆石坝分期填筑的时段划分及填筑强度的计算方法。

（3）掌握面板堆石坝各分区部位的碾压施工方法及标准要求。

（4）能根据碾压标准和施工进度要求，对坝体不同部位的土石方填筑工程选择合适的施工方法和机械。

（5）能合理组织坝面流水作业。

【任务分组】

学生工作任务书					
工作任务				建议学时	
班级		学员姓名		工作日期	
小组任务分工					
提交成果					

【引导问题】

（1）为什么要在土石方工程施工中进行碾压试验？简述碾压试验的作用。

（2）常用的土石方压实机械有哪些？试比较它们的施工特点和适用范围。

（3）简述土石坝坝面施工中如何组织流水作业？

（4）简述面板堆石坝常用的坝体分区组成？

【工作计划】

根据小组任务分工和收集到的信息资料，制订土石方填筑施工方案编制的工作计划，利用流程图或者其他形式进行表示。

【进度决策】

分组汇报各组制订的工作计划，小组互评、教师点评，讨论确定出最终工作实施计划。

【工作实施】

一、填筑料源规划与平衡

根据枢纽工程各部位土石方挖填施工情况，采用线性规划或者“西北角调配法”进行土石方平衡调配。

二、坝体填筑

(一) 道路及运输规划

填筑面施工道路应根据填筑料源的特点进行布置，宜在砂、石料上采用斜坡道作为填筑面内施工道路。面板堆石坝填筑面内施工道路如需跨越垫层区、跨过渡层区和跨堆石区进行施工道路布置时，需采用专项技术措施。

分别确定作业面道路规划、跨垫层区道路规划、跨过渡层区道路规划和跨主次堆石区道路规划。

(二) 坝体填筑施工

1. 料源确定

结合土石方调配计划，明确垫层料、过渡料、堆石料等筑坝材料的料源。

2. 坝体工程填筑分期规划

(1) 面板堆石坝施工导流度汛方式。

坝体填筑分期主要由导流度汛方式确定，并决定总进度中其他控制节点；截流后施工期初期度汛有以下三种方案：

1) 临时断面挡水度汛方案。枯水期低围堰挡水，导流洞导流，坝体全断面（或临时断面）在一个枯水期内填筑到度汛水位以上，用坝体挡水度汛。如白溪坝、三板溪坝、东津坝、洪家渡等水电站混凝土面板堆石坝，这种方式最为经济，应作为首选方案。

2) 坝体过流度汛方案。坝体按先期过流，后期分期挡水度汛。这种方式适用于工程量大、在一个枯水期内坝体达不到挡水度汛高度的情况下采用。基本内容包括：①采用较低洪水标准的过水围堰，允许汛期淹没基坑；②坝体全断面填筑，汛期在适当保护下，允许坝面过水。如天生桥一级、珊溪、芹山坝、滩坑、水布垭等水电站混凝土面板堆石坝。

3) 围堰全年挡水度汛方案。高围堰全面挡水，坝体全年施工。这种方式逐年增多，近年修建的高坝采用此法的有：黑泉坝、公伯峡、紫坪铺、苏家河口、江坪河等水电站混凝土面板堆石坝。

施工期中后期，大坝填筑上升到一定高度以后，形成的水库库容增大，相应的度汛标准根据库容和坝高决定，一般为50～200年一遇的洪水标准。大坝施工期中后期度汛一般有以下两种方案：

1) 大坝全断面挡水度汛，适用于中后期填筑强度不高，或填筑总量不大，大坝填筑高度能满足度汛要求的工程。

2) 临时断面挡水度汛，适用于中后期填筑强度高，填筑总量大，大坝全断面填筑高度不能满足度汛要求时，采用先填筑上游临时断面，达到度汛挡水高程以后，再补填大坝下游部分断面。

(2) 填筑分期规划。根据导流度汛和节点工期的要求，结合企业生产技术水平，确定坝体是采用全断面平起上升还是分期进行填筑。

如果采用分期填筑，填写大坝填筑分期指标表（表4-2）。

表 4-2　　大坝填筑分期指标表

填筑分期	填筑时段	填筑高程/m	合　计		
			填筑量/万 m^3	月平均强度/(万 m^3/月)	日平均强度/(万 m^3/月)
Ⅰ					
Ⅱ					
Ⅲ					

3. 各区填筑料的填筑顺序

大坝主体从上游向下游填筑料构造层次依次为：盖重区、上游黏土铺盖区、垫层区和特殊垫层区、过渡区、主堆石区、次堆石区、下游护坡区和排水棱体及弃渣区。填筑严格按设计断面进行，保证特殊垫层料、垫层区、过渡层区的设计宽度，明确每层石料的填筑顺序。

4. 施工方法和技术措施

(1) 填筑前施工准备。

1) 上坝道路布置。进行上坝道路和坝内道路布置规划。

2) 设备选型。针对填筑料挖装、运输、摊铺、碾压等工序选择合适的施工机械设备。

3) 碾压试验。根据初定的压实机械和实际条件选定坝体填筑施工参数。

(2) 流水作业设计。

选取典型高坝的坝面进行流水作业设计，合理确定流水施工参数。

(3) 填筑施工工艺及技术要点。

1) 填筑单元划分。在填筑作业时，应按坝体分区、坝面大小、设备型号数量等条件划分作业单元，单元面积为 6000～10000m^2，工作面之间设标识牌或划线做标志，填筑工作面内依次完成填筑的各道工序，进行流水作业，避免相互干扰。

2) 装料。装料前，现场管理人员应根据开采石料的分类，向作业人员进行技术交底，装料司机应熟悉坝体各区料的规格和质量要求。

3) 坝料运输及卸料。

a. 堆石料以 32t 自卸汽车运输为主，20t 自卸汽车运输为辅；过渡料、垫层料和小区料等主要采用 15～20t 自卸汽车运输。

b. 坝料运输车辆设置料区标识牌，以区分各类上坝料。坝面上用白灰划出料区分界线，竖立料区标示牌，指示坝料运输车辆卸料地点。

4) 坝料卸料。

a. 单元作业面上设专职人员指挥卸料，卸料指挥员未发出卸料信号时，运输司机不得随意卸料。

b. 堆石区应采用进占法卸料，并用大功率推土机及时平整。

c. 垫层区和过渡区宜采用后退法卸料。卸料时，根据铺层厚度、汽车厢容大小，应使卸料料堆之间保持适当距离，以利推土机平料。过渡区亦可采用进占法卸料。

5) 泥团及不合格料的处理。

a. 坝料装车时，注意分选，泥团和废料不得装车。

b. 各料场出路口设置坝料检查站，配备专职人员检查并将泥团和废料拣出。

c. 在坝外加水站附近设水槽，专门负责运输车辆清洗，以免将污物带入坝内污染坝料。

d. 在坝体作业面设置专职队伍，在摊铺过程中及时将泥团和废料拣出，用斗车或编织袋集中堆放，然后用装载机或反铲装车运出。

6）铺料。

a. 各种填料最大粒径及摊铺层厚控制要求根据生产性碾压试验而定。

b. 铺料顺序及方法。坝前区填筑摊铺顺序如图 4-1 所示。每上升一层主堆石料后，立即上升两层过渡料和垫层料。主堆石料铺好后，清除上游界面的超径石，然后铺过渡料；亦清除过渡料上游界面的超径石，最后铺设垫层料。坝后区原则上先铺主堆石料，后铺次堆石料或下游堆石料。

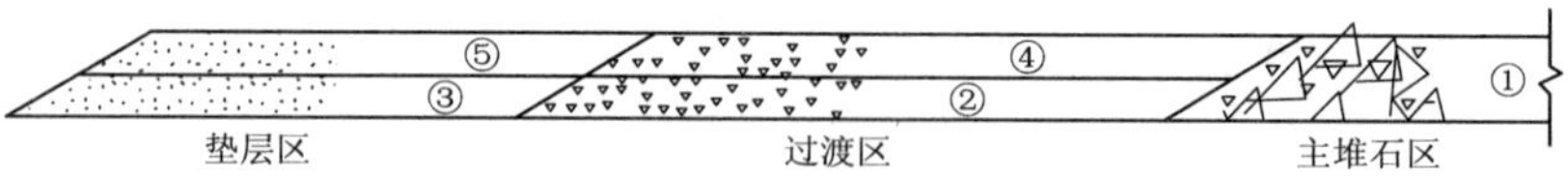

图 4-1 坝前区填筑摊铺顺序图

①～⑤—填筑摊铺顺序

上游 1/3H 范围内，两岸岸坡向坝内先各铺设 2m 宽的垫层料和过渡料，然后再铺主堆石料。其垫层料和过渡料与坝前区的垫层料、过渡料相连。填筑顺序如图 4-2 所示。

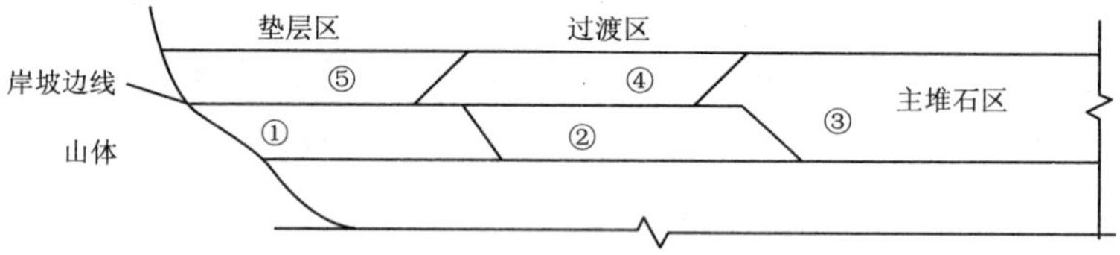

图 4-2 1/3H 范围内岸坡各料区填筑顺序图

①～⑤—填筑顺序

c. 铺料厚度及层厚控制。铺料层厚的控制是保证碾压质量的关键之一，其误差应不超过 10％的设计层厚。

铺料前，根据各料区厚度，在回填区周边测量高程，用油漆或白灰标注回填层的等高线。铺料时，前进方向用移动高度标志杆来控制推土机平料厚度（每个填筑单元设可移动标志 2～3 个）。

推土机平料时，刀片应从料堆一侧最底处开始逐步向另一侧前方推料，并保持平整。每卸一车料后应及时摊铺，不应让卸料多排堆积，出现超厚现象。

坝料与两岸山坡接合面，推土机应沿山坡线平整。

铺料过程中，随时进行铺料厚度检测。对铺料超厚部位应及时处理。

d. 超径石处理。应在料场中严格控制装运超径石，已上坝面的超径石应分别按以下方法处理：

ⅢA料中的超径石，由装载机或反铲清理到ⅢB区填筑面上，用作ⅢB区填料。

ⅢB料中出现超径石，一是将超径石挖运到ⅢD区填筑，或用作块石护坡；二是采用液压冲击锤或夯锤将其破碎。

ⅢD料中出现的超径石，用作护坡或采用液压冲击锤或夯锤破碎。

7）坝料洒水。安排专人负责坝料洒水，采取坝外加水和坝面补充洒水的方法保证洒水的充足性和均匀性。其中，当采用坝面加水法时，宜用水枪边铺料边洒水的施工工艺。

a. 坝外加水。运输坝料的车辆在上坝前，通过上坝道路口设置的加水站给坝料加水，然后再运输到填筑工作面上。加水管道安装流量计，由人工控制按不同运输车型、不同坝料种类计量加水。

b. 坝面洒水。采用大吨位的洒水车进行坝面补充洒水。坝面洒水应在碾压前进行。

c. 加水量控制。按照碾压试验确定的加水量，在加水站加一部分水量，在坝面上补充剩余的需水量。在加水站，ⅢA料加水3%～5%，ⅢB、ⅢD料加水5%～8%，在填筑作业面补充加水5%。遇雨天时，可按雨量大小由试验测定后，在坝面调整洒水量。

垫层料（含小区料）先作含水量试验，当含水量大于最佳含水量时，在料场脱水；当含水量小于最佳含水量时，在坝面铺料区进行洒水。堆存料场的ⅢC料，一般在填筑作业面上加水；建筑物部位开采的ⅢC料，在加水站加水3%～5%，在填筑作业面补充加水5%。

负温下填筑不洒水，并减少填筑层厚和增加碾压遍数。具体碾压参数由试验确定。

同一填筑单元洒水与碾压时间相隔较长时，应重新洒水。

8）坝料碾压。

a. 根据大坝填筑料的压实标准及现场生产性碾压试验确定施工压实参数。

b. 碾压路线应平行于坝轴线，前进和后退全振行驶，行驶速度不大于2km/h。

c. 一般应采用错位法碾压。搭接宽度不小于20cm。跨区碾压时，必须骑界线碾压，骑线碾压最小宽度不小于50cm。

d. 趾板附近的小区料和垫层料，采用液压振动夯板和小型机械夯板夯实。

e. 振动碾水平碾压垫层料时，钢轮外侧距上边缘应预留安全距离。水平碾压完成后，采用液压振动夯板或小型振动碾进行补充压实。

f. 运用GPS信息控制系统，实时监测振动碾运行工况，提示运行位置、碾压遍数、行车速度等。

（4）各部位填筑施工。

1）垫层料、特殊垫层料填筑。

2）过渡料填筑。

3）坝体主堆石料、次堆石料填筑。

4）级配反滤料填筑。

5）结合部位施工。

a. 料区分界面处理。在ⅢA区上游面用反铲剔除粒径超过100mm的粗粒；在ⅢB区上游面剔除粒径超过300mm的块石；在ⅢC区中，较粗的料应填在靠近ⅢB区或ⅢD区的边界部位。

b. 临时断面边坡的处理。临时断面边坡采用台阶收坡法施工，平均坡比应不小于1∶1.4。后续回填时，采用推土机或反铲清除相应填筑层的台阶松散料，均匀地摊铺在该层进行碾压。搭接处增压2遍，保证接坡面的碾压质量。

c. 上坝路与坝体结合部位。采用与坝体相同料区的石料进行分层填筑。填筑质量按相同区料的填筑要求控制。

坝区外下游侧路段与坝体接触部位，采用反铲挖除，并清理松渣，按坝后干砌块石要求砌筑块石。上游跨趾板道路拆除后，其趾板下游侧按填筑基础要求进行处理。

d. 坝体分期分段结合部位。根据现场施工进度需要，形成的先期填筑区块坡面，采用台阶收坡法施工，预留台阶宽度不宜小于1m。后期填筑时，用反铲清除先期填筑体坡面的松散料，与新填筑料混合一并碾压。

在填筑单元之间、料区交接缝以及坝料分段摊铺填筑结合处，易产生粗颗粒集中及漏压、欠压等现象。采用反铲或其他机械将集中的粗颗粒料作分散处理，改善结合处填筑料的级配。碾压时，进行骑缝加强碾压。

e. 坝体与岸坡结合部位。坝前 $1/3H$ 范围按图4-2所示程序填筑，分界处用反铲整理。

6）铺盖填筑施工。

a. 上游铺盖区范围内的趾板与面板表面止水，应在回填前安装完毕。

b. 应分层进行上游铺盖填筑施工，每层填筑程序宜为：测量放样→粉细砂摊铺→黏土回填→ⅠB料回填。

c. 粉细矿卸在靠趾板和混凝土面板的层面上，再用反铲均衡摊铺在趾板和面板坡面上。黏土采用后退法、ⅠB料进料采用进占法和混合法填筑。

d. 盖重区每填筑20m左右，进行一次边坡修整工作。大面积采用推土机削坡，边角部位辅以反铲整修。

e. 重载车辆离面板要有一定的距离，避免损坏面板。

7）下游面护坡砌石施工。

a. ⅢD料填筑时，应向下游界面超填50cm。每2～3层碾压完毕后，进行边线测量放样，采用人工配合反铲整理砌石坡面。

b. 坡面整理后，按网点控制坡面测量放样，网点上插标识，标有地面高程和设计高程。

c. 砌石前，必须依据测量标志，作好砌石样架。样架经复检确认后，方可允许砌石。

d. 在料场选择符合设计要求的块石或从相邻ⅢB区、ⅢD区挑选块石作为砌筑材料。

e. 砌筑的块石护坡坡面应满足平整度要求，并不得有石块规格过小、石质风化、架空、通缝现象，否则应立即进行纠正或处理。

f. 砌石作业应尽量随坝体填筑同时上升。

(5) 施工期坝体排水。

1）外来水处理。

a. 地表水。地表水应在两侧趾板及高边坡处选择适当部位修筑截水墙、排水沟引水至基坑外或集水泵站抽排。结合上坝道路排水沟截引部分地表水至坝外。

b. 地下水。在趾板及堆石体范围内岩体地基的透水、涌水点，应及时上报监理工程师，由监理工程师会同有关单位根据出水量研究制定处理方案，不许擅自处理。

按照设计技术方案，施管人员认真做好封闭、引排水处理，质检人员进行检查，并做好记录，报监理工程师验收后再进行下道工序施工。

2）坝体反渗水处理。按照设计要求布设反渗水设施，在规定时限内进行封堵。

4. 填筑施工资源配置计划

（1）机械设备配置。坝体填筑机械设备表见表 4-3。

表 4-3　　坝体填筑机械设备表

设备名称	规格	型号	单位	数量	布置部位
钻孔设备					
挖装设备					
自卸汽车					
碾压设备					
平整设备					
其他设备					

（2）劳动力配置。

（三）其他部位土石方填筑施工

对取水口公路、溢洪道、取水塔工程等部位的土石方填筑工程编制施工方案，可根据坝体填筑工程进度、组织人员、施工机械穿插进行施工。

（四）质量、安全保证措施

从组织、管理、技术、经济等方面确定土石方碾压施工质量与安全保证措施。

【评价反馈】

组内、组间学生相互检查评价，教师检查评价。主要检查内容包括：所完成任务内容完整性、条理清晰性、计算准确性、专业术语用词准确性、书写工整情况等。

【相关知识点】

一、道路及运输方面相关规定

施工现场的运输道路应根据坝体工程量、上坝强度及地形、运距、运输机械类型及行车密度等要素合理布置，并在各施工阶段根据填筑区和料场开采区的变化及时调整。施工道路技术参数要求应按照 SL 667—2014《水利水电工程施工交通设计规范》的规定执行。施工道路宜与永久道路相结合，宜采用环形线路。运输道路不宜通过居民点，也不宜与民用公路相结合，其道路和桥涵的等级标准应满足施工车辆及机械通行的需要。

道路可视具体情况采用泥结碎石路面或混凝土路面。应加强施工道路的维护保养，保持路面平整，排水通畅。

运输道路跨越趾板及垫层区时应有可靠措施，不得影响趾板、止水及垫层的质量。

运输宜采用汽车直接上坝方式。运输车辆载重量和数量的选择应结合坝料类别、填筑工程量、上坝强度、坝区地形、运输道路、运距和挖装设备等因素综合考虑。

坝体填筑区内的临时施工道路，应设于填筑压实合格的坝段，道路路基应予压实。不符合坝体设计要求的施工道路，继续填筑前应予以处理。

二、坝体填筑施工一般规定

坝体填筑宜在坝基、两岸岸坡处理验收及相应部位的趾板完成后进行，趾板下游一定距离的部分坝体填筑可提前进行。在不影响行洪的情况下，截流前可在一岸或两岸先行填筑部分坝体。

坝体填筑开始前，应进行坝料碾压试验，确定各种坝料填筑施工参数，并对设计指标进行复核。碾压试验的规模可依工程情况、坝料性质、碾压机械类型等条件选定，宜按照NB/T 35016—2013《土石筑坝材料碾压试验规程》的规定执行。

应严格按照碾压试验确定的填筑压实参数施工，并应进行抽样检查。施工时应严格控制铺料厚度。

垫层料、过渡料和主堆石料的填筑宜平起施工，均衡上升。坝料应按照先主堆石料、后过渡料、再垫层料的顺序填筑，并清除边坡界面的分离料。主堆石体、下游堆石体可分区、分期填筑，其纵、横坡面上均可布置临时施工道路。

应严格控制筑坝材料的质量，其岩性、级配和含泥量等应符合要求。上坝填筑材料的质量应合格，不合格材料应予以处理。

当坝料填筑、趾板及面板浇筑、地基加固及防渗和溢洪道等建筑物开挖与施工同时进行时，应合理规划，避免或减少相互干扰，确保施工安全、质量和形象进度。

三、坝体分区填筑相关规定

坝体填筑时，在特殊情况下可设置临时断面。垫层料、过渡料和主堆石料的填筑宽度宜大于30m。

坝体堆石料铺筑宜采用进占法，必要时可采用后退法与进占法结合卸料；垫层料、过渡料宜采用后退法，应及时平料，并保持填筑面平整；每层铺料后宜测量检查铺料厚度，发现超厚层应及时处理。

坝体堆石料填筑宜加水碾压，加水量通过碾压试验分析确定。需要加水碾压的填筑料，宜有适当的技术措施保证均匀加水和加水量。宜采用运输中向运输车辆加水和坝面洒水相结合的方式。垫层料的含水率控制和加水方法宜由试验确定。

坝体堆石料碾压应采用振动平碾，高坝宜采用重型振动碾。振动碾行进速度宜按照不大于2km/h控制。应经常检测振动碾的工作参数，保持其处于正常工作状态。坝料碾压按材料分区分段进行，各碾压段之间的搭接不应小于1.0m，碾压宜采用错距法。

主堆石区与岸坡、混凝土建筑物接触带，应按设计要求填筑过渡料，并控制好接触带的碾压质量。

坝料卸料、铺料时应避免分离，对垫层料与过渡料、过渡料与主堆石料接触带处分离的块石应予以清除。

周边缝下特殊垫层区应人工配合机械薄层摊铺，每层厚度不超过200mm，应采用振动冲击夯、液压平板振动器、小型振动碾等压实。

垫层料上游坡面采用削坡法施工时，垫层料铺筑上游水平超宽宜为200～300mm。采用液压平板振动器压实垫层料时，水平超宽可适当减少。采用自行式振动碾压实时，振动碾距上游边缘的距离不宜大于400mm。

垫层料与过渡料每两层与主堆石填筑面齐平，应采用振动碾骑缝碾压。各种料物的边界线可略有误差，但细料可侵入粗料边界，而粗料不得侵入细料边界。主堆石料与下游堆石料的接触带，下游堆石料不得侵入主堆石区。

坝体堆石区纵、横向填筑高差不宜大于30m，临时边坡宜不陡于下游坝体边坡，收坡宜采用台阶法施工，台阶宽度不宜小于1.0m。若受场地空间限制可按稳定边坡收坡，但回填接坡时，应削坡至合格面后方可铺料，并使振动碾紧贴接坡面碾压。

坝料填筑、垫层料防护施工时，不应损伤已安装好的止水及其他设施。

下游护坡宜与坝体填筑平起施工。护坡宜选取大块石，采用机械整坡、堆码或人工干砌，块石间应嵌合牢固。有抗震要求和其他形式的坡面处理，应按技术要求施工。

当坝的上游坡面遭受冲蚀或发生塌坡时，应按设计要求进行回填、补齐。回填区的坡面应超填200～300mm。

负温下填筑时，各种坝料内不应有冻块，应采用减薄铺筑厚度、增加碾压遍数、不加水的方法进行。

截流前，在滩地或缓坡段先行填筑部分堆石坝体时，其上游坡脚距趾板线的距离不宜小于该处0.3倍坝高，且不宜小于30m，边坡不陡于设计坝坡。

采用枯水期低围堰导流、坝体施工期临时挡水度汛方案时，在基坑开挖、处理验收后，宜先行填筑部分坝体。待趾板混凝土完成及养护一定时间后，再补填上游垫层料、过渡料及堆石体，并平起填筑。

采用软岩填筑坝体时，应进行坝料专题性能试验和碾压试验，确定施工碾压参数及机具。坝内排水体渗透性应满足设计要求。

坝体填筑时应按照设计要求留有一定的超高。填筑完成至面板浇筑的坝体预沉降期宜为3～6个月，150m以上高坝不宜少于6个月。对于沉降期的控制标准，宜按照面板顶部坝体沉降速率小于5mm/月控制。

四、垫层料坡面碾压和保护技术

垫层料上游坡面应在施工过程中采取保护措施。保护措施可采用传统的削坡、斜坡面碾压、设置防护层等方式，也可采用挤压边墙、翻模固坡等技术。

垫层填筑时应适时进行垫层坡面削坡修整和碾压。修整后的坡面，在法线方向应高于设计线50～100mm。有条件时可用激光仪控制削坡。

斜坡压实可用振动碾或液压平板振动器，碾压参数经试验确定。

雨季施工应缩短坡面整坡、碾压与防护作业的周期，并做好岸坡排水，以防止地表水汇流后冲刷边坡。

垫层坡面压实合格后，应按设计要求进行坡面防护。保护形式可选择碾压水泥砂浆、喷混凝土、喷涂乳化沥青等。

（1）碾压水泥砂浆坡面防护的水泥砂浆配合比、铺设厚度等应符合设计要求。水泥砂浆宜采用人工或机械摊铺、振动碾碾压的方法施工。每条幅宽度不宜小于4.0m，碾压方法及碾压遍数应通过试验确定。砂浆初凝前应碾压完毕，终凝后洒水养护。碾压后的砂浆表面，法线方向不应高于设计线50mm、低于设计线80mm。

（2）喷混凝土坡面防护的混凝土配合比和喷层厚度应符合设计要求。喷射混凝土施工应按SL 377—2007《水利水电工程锚喷支护技术规范》执行。喷射后的混凝土表面，应平整、密实、厚度均匀，法线方向不应高于设计线50mm、低于设计线80mm。喷护混凝土终凝后应洒水养护。

（3）喷涂乳化沥青坡面防护的沥青乳剂的品种、配比、喷洒层数等应符合设计要求。喷涂前应把坡面上的浮尘清除干净。沥青乳剂喷涂后，应随即撒砂碾压。碾压方式、遍数可通过试验确定。喷涂间隔时间不少于24h。阴雨、浓雾天气不应喷涂。

坝高超过150m时，垫层料的填筑和保护应进行专题论证。挤压式边墙施工应符合DL/T 5297—2013《混凝土面板堆石坝挤压边墙技术规范》的规定。翻模固坡法施工应符合DL/T 5268—2012《混凝土面板堆石坝翻模固坡施工技术规程》的规定。

碾压后，各区填筑料侵占相邻区域的范围允许的公差见表4-4。

表4-4　填筑料侵占相邻区域的允许公差

填筑区分界线	公差	
	向坝轴线方向	离坝轴线方向
垫层区、过渡层区	200mm	0
过渡层区、主堆石区	无限制	0
主堆石区、次堆石区	1000mm	1000mm
盖重和黏土铺盖区	0	300mm

五、挤压边墙施工技术

挤压边墙固坡技术是混凝土面板堆石坝垫层料上游坡面施工的新方法，1999年巴西埃塔面板堆石坝建设中首先使用。该技术因具有能明显提高垫层料的压实质量，简便、及时地提供上游坡面防护，有利于施工期度汛等独特优点而得到坝工界的广泛关注。我国在2001年开始研究该项技术，某公司研制出我国第一台挤压边墙机，同期完成了挤压边墙混凝土试验检测和施工工艺研究。依托黄河公伯峡水电站混凝土面板堆石坝工程，成功应用了该技术，随后在湖北恩施芭蕉河水电站、甘肃龙首二级水电站、清江水布垭等混凝土面板堆石坝工程也得到了推广使用。

挤压边墙的断面尺寸，充分考虑垫层料填筑分层压实厚度、成型后的边墙自身稳定性等特点。国内挤压边墙均采用梯形结构，高度为35～40cm，与垫层料分层厚度一致，顶宽为8～12cm，个别顶宽到20cm，下游侧坡比为8∶1～10∶1。挤压边墙混凝土典型断面如图4-3所示。

挤压边墙的早期强度应能满足限制同层垫层料碾压时的侧向位移要求。公伯峡挤压边墙在使用前期，经过大量的室内试验和现场生产试验，挤压边墙在成型2h后，抗压强度可以达到0.7～1.5MPa，在此强度下使用振动碾碾压，边墙产生的侧向位移量为2～

2.7mm，挤压边墙未出现过大变形和坍塌情况。该经验在国内后续面板坝施工中得到验证和采用，因此相关规范规定挤压边墙混凝土在3h内满足垫层料碾压要求，且抗压强度宜不低于1MPa。

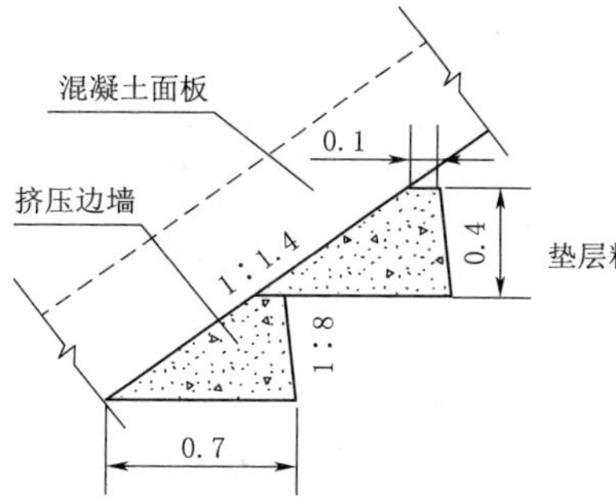

图4-3 挤压边墙混凝土典型断面图（单位：m）

依据DL/T 5128—2001《混凝土面板堆石坝施工规范》中相关条款，挤压边墙成型后上游边坡沿法线方向偏差为－80～＋50mm。

根据挤压边墙上游坡面平整度要求，公伯峡等面板坝平整度控制在±25mm，水布垭等面板坝平整度控制在±15～±20mm，参照国内应用实例，采取适宜的质量控制措施和规范的施工工艺，挤压边墙上游坡面平整度控制到±25mm范围内是可行的，对局部不符合要求的凹凸部位可采用人工进行处理。

挤压边墙混凝土在满足施工性能的基础上，总结多个工程资料，DL/T 5297—2013《混凝土面板堆石坝挤压边墙技术规范》明确了挤压边墙混凝土的三大技术指标，即28d抗压强度不大于5MPa，弹性模量不大于8000MPa，渗透系数为$1.0\times10^{-4}\sim1.0\times10^{-2}$cm/s。典型工程挤压边墙技术指标见表4-5。

表4-5　　典型工程挤压边墙技术指标

序号	名称	坝高/m	28d抗压强度/MPa	28d弹性模量/MPa	28d渗透系数/(cm/s)
1	公伯峡	132.2	3.0～5.9	5000～7000	$1.0\times10^{-3}\sim1.0\times10^{-2}$
2	龙首二级	146.5	2.8～5.3	3200～7800	$8.6\times10^{-3}\sim7.5\times10^{-2}$
3	芭蕉河	115	3.0～5.1	4500～6900	$4.4\times10^{-3}\sim7.4\times10^{-2}$
4	美岱	93.2	3.0～5.0	3800～9600	$1.0\times10^{-4}\sim1.0\times10^{-2}$
5	水布垭	233	3.52	5000～7000	$1.0\times10^{-4}\sim1.0\times10^{-3}$
6	鲤鱼塘	103.8	3.0～5.0	3000～5000	$1.0\times10^{-4}\sim1.0\times10^{-3}$
7	叶口	88	<5	5000～7000	$1.0\times10^{-4}\sim1.0\times10^{-3}$
8	林口	79	3.1～5.0	5500～6700	$8.0\times10^{-4}\sim1.1\times10^{-3}$

在面板施工前，为进一步减少挤压边墙混凝土对面板的约束，采取在挤压边墙表面喷涂乳化沥青，或对已成型的挤压边墙混凝土切缝分割成为若干个独立分块的处理方法。如水布垭工程在面板浇筑前，对挤压边墙进行了切槽处理，沿面板垂直缝位置将挤压边墙凿开10cm宽的槽，然后用小区料回填压实后用砂浆抹平，再进行“三油两砂”处理，以降低面板约束，避免应力集中，减少面板混凝土开裂的可能性。

对挤压边墙施工机具的基本要求做了明确规定。新一代边墙挤压机具有自动找平、自动导向等功能，300m距离内，直线误差±5mm、水平误差±2mm、垂直误差±1mm，在积石峡等混凝土面板坝工程上成功应用，效果良好。

对边墙挤压机易损部件的要求、维护保养事项等进行了规定。边墙挤压机的主要机械参数见表 4-6。

表 4-6　边墙挤压机机械参数

型　号	外形尺寸（长×宽×高，mm）	成型断面尺寸（长×宽×高，mm）	自重/kg	工作方式
BJY-40	3660×1150×1360	100×710×400	2800	液压
成型方式	额定功率/kW	方向控制	最大转角	工作速度/(m/h)
螺旋挤压	45	机械锁定	7°21′	40～60

挤压边墙现场工艺试验是确定施工参数、验证配合比、检验成墙质量的必要程序。施工参数包括挤压机行走范围内对垫层料平整度的要求，挤压机配重的质量、混凝土入仓、外加剂掺量及掺加方式、挤压机操作、行进速度等工艺参数和方法；验证配合比主要是混凝土拌和物的施工性能；检测边墙混凝土质量的主要内容是外观质量、成型密度、抗压强度、弹性模量及渗透系数等指标。根据试验结果对施工工艺及配合比进行调整。

挤压边墙紧靠坡面施工，应在距施工面一定距离的坡面上设立防护网或其他防护设施，保证作业安全和对趾板区的施工干扰。

挤压边墙测量标准应按 DL/T 5173—2019《水电水利工程施工测量规范》执行，与枢纽同等级控制网，且不低于四等，以确保边墙位置准确，减少面板基础处理工作量。

挤压边墙逐层测量放线。对边墙挤压机行走区域的垫层料表面进行水准测量，控制其表面平整度。测量并设置挤压机内侧滚轮行走路线的控制线，控制线有设钢丝线控制的，也有挤压机自带红外线准直系统控制的。

垫层料碾压时，对挤压边墙的侧压推移量，根据现场实测结果，进行必要的修正。

坝体的沉降会产生上游坡面的盈亏现象，挤压边墙施工放线，可按设计提供的坝体某高程可能发生的变形量，修正坡面盈亏值，设计未提供盈亏修正的可参照同类型工程予以经验修正。如：公伯峡坝体在面板施工前，上游坡面监测产生盈亏为－30～＋50mm；积石峡电站上游坡面监测结果盈亏为－40～＋40mm；潘口电站上游边坡监测结果为－20～＋30mm。

边墙挤压机长度接近 4m，考虑设备的运行、安装、操作和工效要求，规范规定首层挤压边墙长度宜大于 15m，小于 15m 的地段，可采用现场立模，人工填筑夯实，分层厚度不大于 20cm，轮廓尺寸与挤压边墙断面一致。

新一代边墙挤压机的直线行走误差，在 300m 内可精确到±5mm，施工中要加强设备操作人员的技能培训，控制设备行走轨迹，挤压边墙成型水平位置偏差控制在±20mm。

在机械功率一定的条件下，挤压机配重的大小影响挤压边墙混凝土密度、强度、弹性模量、渗透系数。配重的大小经过工艺试验确定，一般配重在 200～300kg。

速凝剂掺入均匀性偏差大时，易造成挤压边墙混凝土凝结时间不一致，形成局部垮塌，建议采用自动控制设施掺加。挤压边墙成型速度通过工艺试验确定，经国内多个工程的生产性试验和施工实践，挤压边墙成型速度为 40～60m/h。成型后的挤压边墙混凝土应采取保湿措施，养护时间一般不少于 7d。

低温季节施工，避免混凝土受冻，影响边墙质量和垫层料施工。龙首二级电站挤压边墙在冬季施工时，在混凝土中掺加 3%防冻剂，现场采用电热毯升温、牦牛毯覆盖等措施，取得了很好效果。

挤压边墙混凝土终凝时间实测在1h左右，此时开始摊铺垫层料对挤压边墙没有不利影响，3h内挤压边墙混凝土强度可达到1MPa以上，可以满足垫层料碾压需要。

挤压边墙的成型平直度与挤压机行走区域的垫层料表面平整度有直接关系。根据国内多个工程的现场监测和工程实践可知，垫层料平整度超过30mm时，挤压机行走偏差明显增加，成墙的平直度偏差较大；在30mm以内时，挤压机自身可以进行一部分偏差调整，成墙线形较好，故将垫层料的表面平整度标准控制在±25mm。

垫层料碾压时，自行式振动平碾与挤压边墙宜保持不小于20cm的安全距离，靠近边墙部位采用小型夯实机具进行压实。

针对垫层料与挤压边墙施工的相互影响，在垫层料质量满足DL/T 5128—2001《混凝土面板堆石坝施工规范》的基础上，增加了平整度检测频次，以保证挤压边墙施工的质量要求；增加了靠近挤压边墙一定范围内的垫层料压实度检测，以保证垫层料压实质量。

挤压边墙与垫层料脱空情况除采用布置监测设备外，在面板浇筑前，还可布置适当点位开孔检查脱空情况，作为设备监测的一种补充手段，更直观简便。检查后应及时对开孔进行回填。

挤压边墙坡面平整度检测是整体成型质量检测的主要指标，对减小面板约束、提高防裂抗裂能力有积极作用，对平整度不符合质量要求的部位可采取凿除或砂浆修补的方式进行处理。

六、翻模固坡技术

翻模固坡技术是使混凝土面板堆石坝垫层料填筑及固坡砂浆成形一次完成的一项施工新技术，适用于各种高度的混凝土面板堆石坝及其他类型的面板堆石坝的垫层料填筑及垫层料上游坡面防护施工。

翻模固坡法的优点是：坡面平整度好；固坡砂浆厚度小且均匀，能够较好地适应坝体变形；不占直线工期，施工速度快；工程造价低；施工干扰小；大坝随时具备挡水度汛条件。翻模固坡法的缺点是机械化程度较低，人工使用较多，应该进一步改进。

采用翻模固坡技术的工程实例有：

（1）双沟水电站位于吉林省抚松县境内第二松花江支流松江河上，混凝土面板堆石坝最大坝高110m，通过试验研究，在大坝施工中成功地采用了翻模固坡技术，属国内外首创，取得了很好的技术经济效果和社会效益。与混凝土挤压边墙技术相比较，每平方米上游坡面可降低造价28元；与斜坡碾压固坡法相比较，可缩短大坝施工直线工期2～3个月。双沟水电站已于2010年4月投产发电，大坝运行情况良好。

（2）辽宁蒲石河抽水蓄能电站上水库混凝土面板堆石坝最大坝高78.5m。通过学习、借鉴双沟大坝施工经验，在大坝施工中采用了翻模固坡技术。该大坝坝体施工至2009年10月已全部完成。

（3）湖北江坪河水电站混凝土面板堆石坝最大坝高219m。参建各方通过到双沟水电站工程和蒲石河抽水蓄能电站工程调研，确定大坝施工采用翻模固坡技术，自2010年6月开始实施。

一个混凝土面板堆石坝工程是否采用翻模固坡技术，在制定施工方案时就应该确定，以便提前准备材料、机具，培训施工人员。

翻模固坡法技术要求比较高，质量控制措施比较严格，所以应在施工前对施工人员进行技术培训，掌握翻模固坡的技术要点、质量要求和质量保证措施。

根据坝体变形三维有限元仿真分析结果，在翻模放样时预留坝体变形，以使垫层料坡面尽量接近设计位置。坝高小于 100m 的混凝土面板堆石坝，坝体变形相对较小，可不做三维有限元仿真分析。

将施工过程中坝体变形监测结果与坝体变形三维有限元仿真分析结果进行对比，如发现差异较大，则在后续施工中翻模放样预留坝体变形时应进行相应调整。

如在负温条件下采用翻模固坡技术进行施工，为保证固坡砂浆在达到设计强度之前不受冻，需要采取比较复杂的保温措施，因此在安排施工计划时应尽量避免在负温条件下施工。

模板、楔板采用钢材制作，刚度较大、周转次数多。

经过计算和试验，应用于面板堆石坝垫层料上游坡面的翻模结构需要由上、下两层模板组成，互相可靠连接形成整体结构，共同承受荷载，才能使振动碾能够靠近模板进行碾压，而无向上游倾斜和下滑现象，保证垫层料碾压合格，而且模板变位微小。由于下层模板可能发生位移和倾角的改变，支立上层模板时须调整到正确的倾角，因此要求上、下两层模板之间能微调其相对角度，以适应上游坡面变坡的要求。翻模结构如图 4－4 所示。

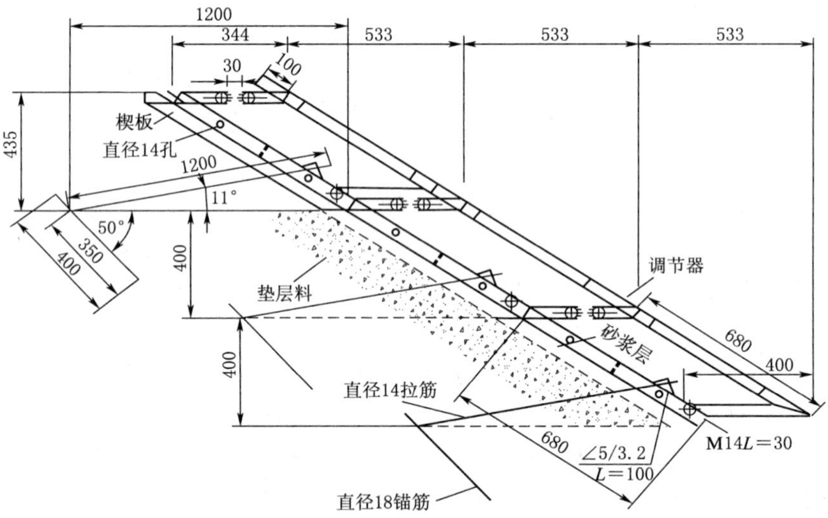

图 4－4　翻模结构图（单位：mm）

（注：楔板上口厚 7cm，下口厚 5cm）

翻模结构是由人工装、拆、搬运，所以要求模板在具有足够刚度的同时，还应质量适中、调整灵活，以便能够达到较高的工效，满足大坝填筑施工速度的要求。模板的宽度与每层垫层料的斜长相等，做到每支立一层模板，可完成一层垫层料的填筑。

根据实践经验，为了便于拔出楔板，楔板尺寸、质量不能太大，所以其长度选取模板长度的 1/2；楔板宽度比模板大 30mm 左右，可防止垫层料在摊铺过程中滚下坡面。固坡砂浆的厚度宜为 5～6cm。

根据计算结果，拉筋受力不太大，可采用较小直径的圆钢。但考虑外露的拉筋头将在面板施工时用来固定侧模和钢筋架立筋，应该有较大的刚度，所以采用直径为 14mm 的圆钢。

目前，翻模结构应用的工程还比较少，相关规程中有关结构参数很多是推荐性的，是已经采用翻模固坡技术的工程实际采用的，存在较大的优化空间，应用翻模固坡技术的施工企业将通过现场试验对翻模固坡结构进行优化。

锚筋、拉筋是翻模结构的重要构件，必须按设计要求进行制备和施工，并且可靠连接，才能保证翻模结构的安全，实现翻模固坡技术的各道工艺。

首层翻模模板是上层模板的基础，第一层模板定位准确，才能保证上层模板的位置准确。

模板反坡下部的垫层料采用人工回填，能够保证回填饱满，避免垫层料分离、粗料集中和架空，保证模板反坡下部的垫层料能够碾压密实。要求垫层料填筑时，填筑层面不应向上游倾斜，这是为了防止振动碾向上游滑移，有利于碾压设备的作业安全。

锚筋、拉筋是翻模结构的重要构件，为了保证翻模结构的安全，必须保证锚筋、拉筋完好。

初碾应使垫层料达到 90％的干密度。终碾的作用是使固坡砂浆达到密实，同时使垫层料最终达到设计要求的干密度。因各个工程采用的材料、碾压设备各有差异，所以合理的碾压参数应通过现场试验确定。

振动碾质量过小，难以使模板内下部垫层料达到设计要求的于密度；振动碾质量过大，振动碾压时会使模板产生较大的位移。实践证明，应用翻模固坡技术采用 15～20t 自行式振动碾比较合适。

因为有翻模结构的承载作用，振动碾才能够尽量靠近垫层料上游边缘进行碾压，加之模板对垫层料的挤压作用，模板下面的垫层料能够达到设计要求的密实度，这是翻模固坡技术的核心。振动碾与垫层料上游边缘的最小距离以模板下的垫层料能够碾压密实、模板不出现明显位移为原则。对于不同质量的振动碾，这个“最小距离”是不同的，较重的振动碾应离模板稍远些，具体距离应通过现场试验确定。

拔出楔板后，立即向模板与垫层料之间的空隙灌注砂浆，避免灌注砂浆的空隙被填塞。砂浆连续灌注，有利于保证砂浆的施工质量。

终碾对砂浆起振捣作用，应该在砂浆初凝前完成。

翻模固坡施工速度最快可达到 1.5 层/d，故最下层模板拆除时出露的固坡砂浆至少已经有 48h 龄期，在常温下，这个龄期达到设计抗压强度的 25％以上是没有问题的。

垫层料沿大坝全长平起填筑有利于加快大坝的填筑速度，有利于保证填筑质量，有利于坝体均匀变形，所以应尽可能这样组织施工。当由于条件限制，必须分段施工时，应做好接坡处理。

固坡砂浆的强度不能太高，以避免其对面板混凝土产生较大的约束力而出现裂缝。固坡砂浆的渗透系数应比垫层料小 1 个数量级左右。

因为翻模固坡技术要求振动碾尽量靠近模板进行碾压，所以为了保证振动碾既与模板保持一定的较近距离行驶，又不碰撞模板，应选用性能良好的碾压设备和技术熟练的驾驶员，而且碾压时应配备专人进行指挥。

因为翻模固坡碾压作业时，只有振动碾与模板之间的距离比较近，才能使模板下的垫层料达到设计要求的干密度，同时不允许振动碾碰撞模板，所以应该在光线充足的条件下进行碾压作业。

在上游斜坡面上设置两道安全网有两个作用：一是保证翻模固坡施工人员的安全，防止沿斜坡滚落；二是防止翻模固坡使用的物料滚落到趾板，保护趾板灌浆作业人员的安全。

七、安全措施

（1）施工道路安全措施。上坝道路及坝体临时道路应路基坚实、边坡稳定，纵坡一般控制在10%以内，个别地段最大不得超过12%。道路外侧设置安全埂或安全墩。夜间应照明良好。

道路应有专人养护，保持路面平整、排水畅通，路面上滚落的石碴应及时清除。

在车流量较大的交叉路口及环境较复杂的路段设置安全警示标志，并设专人指挥。

（2）参与坝体填筑的机械应按其技术性能的要求正确使用，缺少安全装置或安全装置已失效的机械设备不得使用。必须保持制动、喇叭、后视镜的完好。严格检查运输车辆性能状况。

（3）经常检查坝体两岸坡的稳定情况，在必要的地方设置安全防护和安全警示标志。

（4）坝面作业安全措施。

1）坝面应划分作业区，将各工序作业尽量分开，避免互相干扰。

2）浓雾、大雨、大雪或停电时，应暂停坝面施工。大风、暴雨时暂停岸坡下的施工。人员和设备严禁在岸坡下停留。夜间作业应有足够的照明。

3）汽车倒车卸料时，应放缓速度，必须在指挥员的指挥下进行卸料和行走。

4）推土机、振动碾操作人员应精力集中，密切注意周边环境的变化，正确判断周边人和机械的运动趋势。复杂地段应有专人指挥。在推铺过程中拣废料时，应首先向推土机操作人员示意，在推土机停下或反向行走时进行。

5）采用液压冲击锤或夯锤破碎超径石时，锤点安全半径之内不得有人和其他设备。夯锤在坝体与岸坡结合处作业时，岸坡下不得有人。

6）坝面指挥人员、拣废料人员应穿反光背心，严格劳动着装。指挥人员还应配备袖章、红绿旗、口哨，夜间应配备灯具。

7）埋设仪器及挖坑取样时，应圈定警戒范围，并设醒目警示标志。仪器埋设处应有醒目的警示标志和安全防护。

8）施工机械在上下游及高处临边作业时，应预留足够的安全距离。

（5）坝体下游面块石护坡施工。汽车卸块石或反铲转运块石时，应服从专人指挥，卸料点下方坡面落石滚动辐射范围内不得有人。砌石人员取料时应自上层或表层开始，严禁在坡面底层反掏。

八、环境保护措施

认真贯彻落实国家有关环境保护的法律、法规和规章的有关规定，做好施工区域的环境保护工作。

1. 防止扰民与污染

工程开工前，编制详细的施工区和生活区的环境保护措施计划。施工方案尽可能减少对环境产生的不利影响。

采取一切必要的手段防止运输的物料进入场区道路和河道，并安排专人及时清理。

2. 做好空气质量的保护措施

机械车辆使用过程中，加强维修和保养，防止汽油、柴油、机油的泄漏，保证进气、排气系统畅通。

运输车辆及施工机械，使用无铅汽油和优质的柴油，减少有毒、有害气体的排放量。

采取一切措施尽可能防止运输车辆将砂石、石渣等撒落在施工道路及工区场地上，安排专人及时进行清扫。

不在施工区内焚烧会产生有毒或恶臭气体的物质。

3. 加强噪声控制

加强交通噪声的控制和管理。合理安排运输时间，避免车辆噪声污染对敏感区影响。对易受噪声污染的区域，事前进行通知，随时通报施工进度，并设立投诉热线电话。

选用低噪声设备，加强机械设备的维护和保养，降低施工噪声。

4. 弃渣和固体废弃物处理

施工弃渣和固体废弃物的处理以《固体废弃物污染环境防治法》为依据，保持施工区和生活区的环境卫生，在施工区和生活营地设置足够数量的临时垃圾储存设施，防止垃圾及其废液流失，定期将垃圾送至指定垃圾场，按要求进行覆土填埋。

易燃及有害物体处理：施工现场出现的易燃及有害物体，如含硫岩层、含磷岩层等容易自燃的石矿和石渣，应按国家及地方相关规定运往指定的渣场，分散掩埋处理。

任务五　混凝土工程施工

【工作任务】

认真阅读招标文件中工程概况及相关工程条件资料，针对枢纽不同部位的混凝土工程选择合适的运输浇筑方式及相应机械设备。结合施工进度和资源供应情况组织面板混凝土流水作业，制定质量、安全等保证措施，汇总形成混凝土工程施工方案。

工作任务基本资料如下：

本枢纽混凝土工程包括挤压混凝土边墙、趾板、上下游埋石混凝土挡墙、面板、坝顶防浪墙及坝顶混凝土工程等。大坝混凝土施工工程量表见表5-1。

表5-1　　大坝混凝土施工工程量表

项目名称	单位	数量	备注
C25混凝土面板	m^3	3654	
C25混凝土趾板	m^3	973	
C25混凝土防浪墙	m^3	354	
混凝土挤压边墙	m^3	2215	
坝顶C30路面混凝土	m^3	264	厚200mm
坝顶混凝土护栏、电缆沟等	m^3	1636	
周边缝两道止水	m	320	底部止水铜片，顶部柔性填料
张拉垂直缝两道止水	m	470	底部止水铜片，顶部柔性填料
挤压垂直缝两道止水	m	550	底部止水铜片，顶部柔性填料
防浪墙底缝两道止水	m	142	底部止水铜片，顶部柔性填料
防浪墙墙体缝	m	70	铜片止水
趾板伸缩缝两道止水	m	110	中部橡胶止水，顶部柔性填料
沥青杉木板（12mm）	m^2	740	

【工作目标】

（1）理解枢纽工程混凝土施工程序的安排原则、方法。

（2）掌握趾板混凝土浇筑施工工艺过程和方法。

（3）掌握面板混凝土浇筑施工工艺过程和方法。

（4）能够合理选择枢纽工程各部位混凝土施工的机械设备。

（5）能够合理选择混凝土养护方法。

（6）能够熟练编制枢纽工程混凝土施工方案。

【任务分组】

学生工作任务书					
工作任务			建议学时		
班级		学员姓名		工作日期	
小组任务分工					
提交成果					

【引导问题】

（1）简述水利工程项目混凝土工程施工的主要工作内容。

（2）水利工程中常用的混凝土运输浇筑方式有哪些？

（3）简述混凝土浇筑施工的工艺过程及质量控制要点。

（4）简述常用的混凝土养护方法。

【工作计划】

根据小组任务分工和收集到的信息资料，制订混凝土施工方案编制的工作计划，利用流程图或者其他形式进行表示。

【进度决策】

分组汇报各组制订的工作计划，小组互评、教师点评，讨论确定出最终工作实施计划。

【工作实施】

一、施工程序确定

根据施工工序要求，大坝混凝土工程总体上按混凝土趾板、趾板下游防渗墙（含趾板区域回填混凝土）→混凝土挤压边墙→混凝土面板→混凝土防浪墙→坝顶混凝土→上坝公路路面混凝土的顺序进行。

二、趾板施工

（一）趾板施工程序

趾板分段、分块浇筑施工程序。

（二）单块趾板施工程序

单块趾板主要施工程序为：基础建基面验收→趾板锚筋施工→基础找平验仓→基础找

平混凝土浇筑→找平面施工缝处理→趾板钢筋绑扎→立模及止水安装→灌浆孔预埋→趾板混凝土浇筑→上表面翻模及抹面修整→养护→拆模→施工缝处理→止水保护。

(三) 趾板施工方法

确定单块趾板各工序的施工内容和方法。

三、面板施工

(一) 面板施工工艺流程

混凝土面板施工主要包括坡面检查清理、分缝热层铺设和垫块安装、坡面喷涂乳化沥青、钢筋制安（现场绑扎或预制钢筋网）、止水片埋设、模板安装（侧模、滑模）、混凝土拌制与运输、溜槽入仓、皮带机或机械摆动布料、摊铺机或滑模浇筑及混凝土养护等，施工工艺流程如图 5-1 所示。

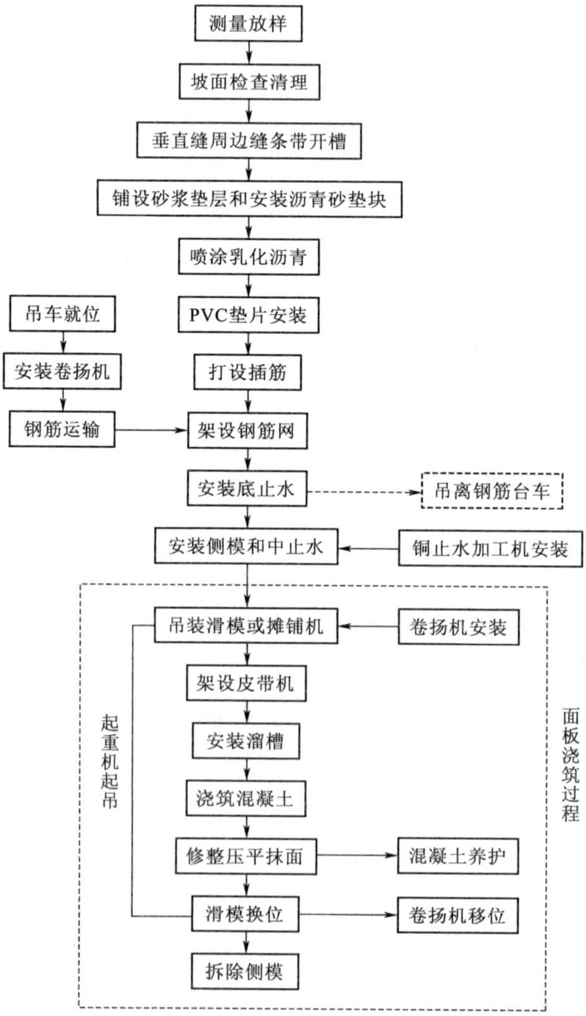

图 5-1　面板混凝土浇筑施工程序图

（二）面板施工工艺及技术要点

1. 施工准备

（1）施工方案编制、审批及交底。面板混凝土施工前工程技术部应编制面板施工方案。其内容包括：施工程序、主要施工方法与工艺、施工现场布置、施工机具设计与设备选择、进度计划及工期控制措施、劳动组织、材料与物资供应、质量安全措施等。

编制的施工方案报建设单位、监理工程师审批后方可组织施工。工程技术部按照批准的技术方案制定作业指导书，并向有关部门和作业单位进行技术交底。

（2）劳动组织。面板混凝土施工应指定一名项目副经理专项负责，并安排专业施工队伍组织实施。施工作业人员由现场统一调配。各专业工种人员应进行岗前培训，并持有相应技能操作证书。

（3）无轨滑模设计与制作。

1）滑模设计原则：有足够的刚度、自重或配重；安装、运行、拆卸方便；具有安全保险和通信措施；应综合考虑模板、牵引设备、操作平台、电路防雨及养护等使用功能和安全措施。

2）滑模应进行专门设计，并符合有关规范和设计规定。

3）滑模制作：严格按设计图纸加工制造；滑模应试组装，并经检查验收合格后，方可运至现场。滑模的制作、组装允许偏差应满足：部件制作的长、宽允许偏差为±2mm，局部平整度 2mm（用 2m 直尺检查）；组装允许偏差满足面板总长±5mm，面板对角线长度±7mm，面板错台 1mm。

4）滑模在制作加工时应整体考虑模板刚度，其挠度小于 $L/400$。

（4）侧模及支承设计与制作。

1）侧模及钢支架应按规范规定的基本荷载组合进行强度和刚度的计算，并核算承重模板及支架的抗稳定性。侧模按面板混凝土的厚度进行编号。

2）双层止水段宜采用木模板，单层止水段宜采用钢木组合结构。侧模长度应便于斜坡面上安装和拆卸，其高度应适应面板厚度的变化和周转使用要求，并能承受滑模工作时的荷载。

3）槽钢与槽钢、槽钢与木模之间采用螺栓连接，槽钢之间采用错口接缝，木模板之间采用平口接缝。

（5）配套机具的加工制作与选型。

1）集料斗、溜槽：骨料斗采用钢板加工，由专业人员设计制作。溜槽应采用轻型、耐磨、光洁、高强度的材料制作，每节长不大于 2.0m，便于人工搬运。

2）钢筋及材料运输台车：根据钢筋、材料长度和坝面坡度设置，钢筋台车由专业人员设计、制作。

3）止水铜片加工机械：采用多级辊压式型机，用于面板 W 型和 F 型接缝止水片加工。

4）起吊设备：宜选用 40t 轮胎吊。

5）卷扬机：每套滑模配备 2 台 10t 卷扬机，牵引钢丝不小于 $\phi21.5$mm，滑模与滑轮、卷扬机与固定锚块以及与地锚间的连接钢丝绳不小于 $\phi28$mm。钢筋及材料运输台车配备1台5t卷扬机，牵引钢丝不小于ϕ19.5mm。

（6）混凝土拌制及运输。

1）混凝土拌制宜选用强制式搅拌机，其生产能力满足混凝土施工强度要求。拌合系统布置根据工地条件，宜布置在坝头附近。

2）混凝土运输宜选用经改装、能遮阳的自卸汽车，也可采用混凝土搅拌运输车。

（7）配合比设计。面板混凝土配合比设计和试验应按技术条款、有关规程规范、技术要求等进行，除应满足对混凝土抗裂性、耐久性、抗渗性等技术指标要求外，还应满足混凝土强度保证率及和易性等要求。

目前，为了提高混凝土的抗裂、耐久、抗渗等性能，多采取掺加高效减水剂（如第二代萘系减水剂、第三代羧酸类减水剂）、高效密实剂、高效引气剂、高品质掺合物（如聚乙烯纤维、聚丙烯纤维，聚丙烯腈纤维）等。

2. *施工方法*

面板混凝土一般采用无轨滑模施工，边角部位采用旋转滑模法、翻转模板或扣模法施工。面板由中心条块向两侧间隔跺仓浇筑。混凝土采用自卸汽车或搅拌车运输，溜槽入仓。8m宽以上的面板条块宜布置2条溜槽，8m宽以下的面板条块可布置1条溜槽。

（1）测量放样及坡面清理。

1）在垫层坡面或挤压边墙坡面上布置5m×5m网格进行平整度测量，按技术要求检查偏差值，对超偏部分采取“削盈补亏”措施修整。大坝混凝土面板厚度宜按设计厚度控制，并保持面板表面平顺、美观。

2）修整后的坡面应清理冲洗干净。测量人员放出面板垂直缝中心线和边线，并标识清晰。

（2）砂浆垫层或垫块施工。

1）垂直缝砂浆垫层：在已修整的坡面上，沿垂直缝边线范围凿出砂浆垫层槽，敷设砂浆找平，其平整度用2m直尺检查，偏差不大于5mm。

2）周边缝底部沥青砂垫块及缝面处理：周边缝止水保护罩拆除后，人工凿底部沥青垫块槽，并修整成型，埋设沥青砂垫块。垫块之间采用热沥青灌实，表面平整度在10m范围内不超过20mm。

（3）喷涂乳化沥青。一般在垫层或挤压边墙表面喷涂乳化沥青，采用人工或专用机械施喷，一般为“三油两砂”。喷层间隔时间不少于24h，喷涂用量符合技术文件要求，每层喷砂结束后宜采用滚轮碾压一遍。喷涂乳化沥青施工完成2d后可进行下一道工序。

（4）涂刷沥青和铺设PVC垫片。在垂直缝砂浆垫层面自上而下涂刷热沥青，铺设PVC垫片。

（5）钢筋安装。钢筋连接主要采用焊接、机械连接或直螺纹套筒连接等方式。

1）架立筋。采用预制钢筋网安装时，架立筋选用ϕ20～25mm螺纹钢，间排距取3m×3m，插入坡面深度不小于40cm。

采用现场绑扎钢筋时，架立筋选用ϕ18～22mm螺纹钢，间排距取2m×2m，插入坡面不小于50cm。

2）面板钢筋网。预制钢筋网在坝顶施工平台由人工铺设、绑扎、焊接而成，经检查验收后，吊车吊运至坡面，钢筋台车沿坡面转运至作业面，自下而上安装。

现场安装时，从单块面板两侧由钢筋台车将已加工的钢筋运至作业面，人工搬运到仓内绑扎、焊接或连接。一般纵向筋在下，横向筋在上。

3）钢筋安装过程中应注意以下几个方面：

a. 钢筋的制作、连接和安装应符合规范和设计技术要求。

b. 插筋露出长度应小于所处面板厚度。

c. 钢筋保护层厚度应满足施工详图规定。

d. 安装后的钢筋应有足够的刚度和稳定性。并妥加保护，避免发生变形、开焊及松脱。

（6）铜止水片加工与安装。采用专用设备连续辗压加工铜止水片，成型后的止水片由人工安装，沿 PVC 垫片表面缓慢放至浇筑块底部。安装就位随即焊接牢固，不得有虚焊、假焊或漏焊。连续挤压成型的铜止水片宜尽可能地长，以减少焊接接头。

（7）侧模安装。铜止水片就位后应尽快安装侧模。侧模采取内外支撑，内侧多用钢筋支撑，外侧采用定型钢支架支撑。模板接缝平整严密，安装时注意保护铜止水片鼻子。

侧模安装允许偏差应符合以下规定；相邻两块模板高差不大于 3mm；模板与设计线的偏差不大于 10mm，模板与铜止水的对中偏差不大于 5mm，模板垂直偏差不大于 5mm。

（8）卷扬机和滑模就位。

1）利用起吊设备将卷扬机放置到待浇面板施工部位，控制其底座高度及平面位置，使用混凝土配重块及地锚固定卷扬机。

2）滑模吊放在侧模上并固定牢靠，用卡环、滑轮将卷扬机钢丝绳与滑模连接，安放滑模配重块，放下滑模端部滑轮，滑模由端部滑轮支撑并随卷扬机滑动至面板待浇块底部，其后对滑模试滑 1～3 次，检查其运行工况。

（9）皮带机架设。若采用皮带机水平入仓，其桁架与滑模宜采用刚性连接，随滑模同步滑移，不需要专门的驱动装置。

（10）溜槽架设。

1）无轨滑模和皮带机就位后，即可在钢筋网上铺设溜槽。溜槽分段固定在钢筋网上，其上接坝面集料斗，下至皮带机受料斗或仓位内，溜槽出口离仓面不大于 1.5m。

2）溜槽采用对接或搭接式连接，连接严密，不漏浆。

3）溜槽内每隔 50m 左右设置一柔性挡板，顶部用柔性材料遮盖封闭。

（11）混凝土拌制与运输。

1）混凝土拌制。混凝土应拌制均匀，拌制时间满足规定要求。当掺加掺合物时，其拌制时间稍加延长，投料次序、方法和拌制时间应通过试拌试验确定。

卸料口与运输设备之间的落差不宜大于 1.5m。

2）混凝土运输。混凝土宜采用自卸汽车或搅拌车水平运输，集料斗受料，溜槽垂直运输入仓，并确保不发生分离、漏浆、严重泌水等。利用溜槽入仓时，不得采用振捣器推赶槽内混凝土，严禁槽内加水冲赶混凝土。

混凝土拌合料自加水拌和至振捣完毕的时间不超过 1h。若混凝土已假凝或初凝，应作废料处理。严格控制混凝土坍落度，并根据天气、时段等因素随时调整；周边缝和垂直缝附近应辅以人工铺料。

（12）混凝土浇筑。

1）面板混凝土浇筑可由中心条块向两侧分序、间隔跳仓浇筑，并尽量缩短Ⅰ序块、Ⅱ序块之间的间隔浇筑时间。

2）混凝土入仓必须均匀布料，每层布料厚度为25～30cm。采用皮带机水平布料时，可设置移动式卸料斗控制卸料层厚。

3）采用插入式振捣器配合软管振捣器进行混凝土捣实。靠近侧模和止水片的部位，应采用软管振捣器振捣。振捣器不得靠在模板上或靠近模板顺坡插入浇筑层，并不得触动钢筋、止水及预埋件。要求振捣器插点均匀，间距不大于40cm，振捣深度达到新浇混凝土层底部以下5cm（振捣器不得伸入滑模面板底部），不得漏振、欠振或过振，以混凝土不再显著下沉、不出现气泡并开始泛浆时为准。

4）周边三角区混凝土浇筑宜采用滑模旋转法、翻转模板或扣模法浇筑。面板垂直缝与趾板夹角较小时，采用翻转模板或扣模逐层浇筑。

5）混凝土浇筑时，及时依次割除架立筋，以减少对面板的约束影响。

6）滑模滑升。滑模脱模时间取决于混凝土的凝结状态。脱模后，处于坡面上的混凝土不蠕动、不变形。滑模的滑升速度应与浇筑强度和脱模时间相适应，做到“勤动、慢速、少升”。平均滑升速度宜为1～2m/h，最大滑升速度不超过3m/h，最小滑升速度不低于0.5m/h，具体参数由现场试验确定。每次滑升幅度应控制在30～40cm。

滑模滑升时，两端提升平衡、匀速，并可根据滑模仰浮状态调整滑模配重；每次滑升间隔时间不超过30min。因故停仓超过1.0h，则应按施工缝处理。

7）表面修整和二次压面。对脱模后的混凝土表面及时进行人工修整、抹平和压面。对于Ⅰ序块两侧边沿0～50cm范围内，应修整平顺，并与侧模高度一致。

在混凝土初凝时，用人工对混凝土表面进行二次压面抹光，确保混凝土表面密实、平整，避免形成早期裂缝。

（13）混凝土养护与保护。

1）混凝土养护。

a. 在滑模后部拖挂长15m左右、比面板略宽的塑料布，防止水分散失并保护已浇筑混凝土不被雨水冲刷和日晒。

b. 二次压面后及时进行养护，防止表面水分过快蒸发而产生干缩裂缝。可采取表面喷养护剂，也可洒水、覆盖养护。

c. 混凝土终凝后，采用长流水养护，持续养护至水库蓄水为止。

2）混凝土保护。

a. 对浇筑后的混凝土必须加以维护和保护，以防损坏。

b. 在后浇块施工时，滑模直接在先浇块混凝土表面行走，应有相应保护措施。如有损坏，应及时处理。

c. 沿已浇混凝土分期线设置竹跳板、木板等挡护板或拦渣墙，防止后期坝体填筑时，坝料滚落损伤混凝土面板表面。

（14）表面止水安装。

1）原材料控制。

a. 铜止水片。铜止水片表面光滑平整，无砂眼或钉孔，并有光泽，浮皮、锈污、油漆、油渣均须清除干净。

b. PVC 或橡胶止水带。PVC 或橡胶止水带形式、尺寸符合施工图纸的要求，其拉伸强度、断裂伸长率、抗老化性能符合设计规定。PVC 外观为黑色或灰色，无气孔、塑性均匀。

c. 柔性填料。柔性填料在使用前，通过试验测定其拉伸性能、密度与混凝土面的黏结性能、冻融循环耐久性、流淌值、施工度、耐水性、耐化学性等主要性能指标。

d. 面膜。面膜的抗拉强度、断裂伸长率、撕裂强度、热空气老化等性能指标满足设计要求。

e. 其他辅助材料。锚压扁钢与螺栓、固定橡胶止水带的预埋角钢与螺栓、周边缝下部的沥青砂、缝间的橡胶棒、沥青板、泡沫板等止水辅助材料的主要技术指标应满足有关规定和施工图纸的要求。

2）止水加工与安装。

a. 铜止水片。一般采用厂家已退火处理的整卷铜材，采用辊压式成型机连续压制成型，各类异型接头可在厂家定制，止水片成品表面平整光滑，无裂纹、孔洞等损伤。

铜止水片的连接宜采用对缝焊接。采用搭接焊时，其搭接长度应大于 2cm，并按要求双面焊接。焊接接头应表面光滑、无孔洞、无缝隙、不渗水。

铜止水片与 PVC 或橡胶止水带的连接采用铆接。连接时，将 PVC 或橡胶止水带水平段的一面削平，热压在铜止水片上，趁热铆接，其搭接长度满足设计要求。

铜止水片鼻子空腔内应按设计要求填塞橡胶棒、止水条等可塑性填料，端部和底部采用塑料粘胶带进行密封，防止浇筑混凝土时水泥浆进入空腔；铜止水片鼻子拐角外侧，应按施工详图粘贴可塑性止水条，复合长度满足设计要求。

铜止水片安装时，作业人员应轻拿轻放：避免与钢筋等碰撞、挤压，以防止水片变形或损伤。铜止水片可采用模板夹紧等方法固定，不得在止水片上穿孔。铜止水片中心线与缝面重合，偏差应满足设计要求。

b. 橡胶或塑料止水带。橡胶止水带的接头宜采用硫化连接。硫化完成后，在接头两侧 20cm 范围内复合柔性材料，并在 12h 内不得撕拉；塑料止水带之间采用热黏结或热焊连接。止水带的接头应尽可能少。

橡胶或塑料止水带应采取模板夹紧等措施固定牢固，防止变形和偏移。

3）柔性填料的铺设与密封。

a. 柔性填料应分段铺设。与柔性填料接合的混凝土面应修整整齐，处理洁净、干燥。

b. 柔性填料铺设前，应在缝槽混凝土表面涂刷底胶，涂刷面应宽于填料接触面 20mm；底胶涂刷后铺设 PVC 橡胶棒，橡胶棒采用 45°坡口或平口接缝。

c. 柔性填料应锤击密实，填料表面不得有裂缝和高低起伏。

d. 待柔性填料铺设后，铺设面膜盖片（周边缝与垂直缝接缝处，应采用定制的专用面膜盖片接头）。

e. 垂直缝、周边缝两侧固定面膜与波纹止水带的混凝土表面处理平顺。

f. 加压角钢或扁钢，采用冲击电锤钻钻孔，孔距符合设计要求，设置膨胀螺栓，紧固面膜盖片。

g. 盖片边缘与混凝土面结合部采用封边胶或柔性填料进行封边保护。

h. 为防止上水流通过膨胀螺栓渗入破坏表面止水，应采用柔性填料将膨胀螺栓及不锈钢压条全部密封。

（三）面板防裂措施

在面板浇筑施工过程中，必须严格控制好混凝土的浇筑质量，采取切实有效的防护措施，避免面板产生裂缝。

1. 提高混凝土的抗裂能力

（1）保证原材料的质量。严格控制骨料、水泥、粉煤灰、外加剂、掺合物等原材料的质量，用于面板混凝土的所有原材料必须经试验检验合格。

（2）优化混凝土配合比设计。混凝土配合比设计在全面满足设计要求的各项技术参数的条件下，掺用优质粉煤灰（应测定其混凝土 7d、14d、28d 的极限拉应变值，并满足规范要求），降低水泥用量，选用低的水灰比，采用高效外加剂，提高混凝土初期硬化时的徐变能力，以提高其极限拉伸值，增强混凝土的耐久性、抗渗性和抗裂性。

（3）确保混凝土浇筑质量。

1）施工前对所有施工人员进行系统专业培训，持证上岗。

2）拌合站附近设置工地试验室，对混凝土拌制质量随时进行各项指标检测。

3）尽量缩短混凝土水平运输时间，减少混凝土坍落度损失，严禁仓面加水。

4）集料斗、溜槽设置要顺畅、干净、不漏浆。

5）仓内混凝土摊铺均匀，无骨料离析现象，振捣密实。

6）在雨大、低温等特殊气候下浇筑混凝土，应遵循规范和技术要求规定，适当调整浇筑时间。

7）滑模提升时，应做到“勤动、慢速、少升”。

8）脱模后及时修整，采用二次压面措施，消除滑模对混凝土的机械损伤。

9）做好面板的保温、保湿工作，防止和减少产生表面裂缝，避免产生深层裂缝，有效防止产生贯穿裂缝。

2. 降低周围环境对混凝土面板的约束及影响

（1）面板混凝土浇筑前，坝前适当蓄水进行预压。

（2）在垫层或挤压边墙坡面，喷洒乳化沥青，减少面板底面的摩擦力。

（3）沿垂直缝将挤压边墙凿断，尽可能保持面板与坝体变形的协调性。

（4）随着滑模的上升，在确保钢筋网面不变形的前提下，逐次将位于滑模前的架立钢筋割断，消除嵌固阻力。

（5）缩短Ⅰ序、Ⅱ序板块的浇筑间隔时间。

（6）Ⅱ序块施工前，将工序块缝面整理平顺，贴隔缝材料，减少周边约束并防止坝体后期变形可能造成对面板的挤压破坏。

（7）优化坝体填筑方式：尽可能保持坝体平起上升，有条件时可形成“前低后高”断面；最大限度地增加坝体在面板浇筑前的沉降期；分期面板浇筑施工作业平台高程应高于分期面板顶部高程 10m 以上。

（四）面板顶部脱空处理

脱空部位一般采取自流式灌浆法进行处理。当注入量较大、长时间灌注未见明显减小时，可根据具体情况采用限流、限量、间歇灌注、多次待凝复灌、掺加速凝剂等处理措施。

（五）面板裂缝处理

1. 裂缝检查

（1）裂缝检查内容包括裂缝位置、形状、缝长、缝宽、缝深、缝面是否有渗水以及溶出物等，并绘制裂缝图。

（2）采用钻孔压水法或冲击回波法，进行裂缝深度检查。具有代表性的裂缝采用钻孔取芯法检查。

2. 裂缝分类

（1）Ⅰ类缝：表面缝宽 $\delta<0.1$mm。

（2）Ⅱ类缝：表面缝宽 $0.1\text{mm}\leqslant\delta<0.3$mm，缝深 $h\leqslant0.3$cm。

（3）Ⅲ类缝：表面缝宽 $\delta\geqslant0.3$mm，或缝深 $h>0.3$cm。

3. 裂缝处理

Ⅰ类缝可采用表面清理保护的方法处理；Ⅱ类、Ⅲ类缝可采用凿槽嵌缝灌浆加表面清理保护的方法处理。

若条件许可，可在混凝土面板表面涂刷一层水泥基液，彻底消除混凝土表面裂缝。

四、挤压边墙混凝土施工

1. 挤压边墙技术要求

（1）挤压边墙在挤压成型施工过程中，在混凝土拌和物中添加速凝剂，成型的混凝土宜在 3h 内满足垫层料碾压要求，且抗压强度宜不低于 1MPa。

（2）挤压边墙成型后外形尺寸应满足表 5－2 的要求。

表 5－2　　挤压边墙成型后外形尺寸要求表

检测项目	技术要求
上有边坡法线方向偏差	－80～＋50mm
上游坡面平整度	2m 范围内误差为±25mm，且平滑过渡，无突变

2. 材料和配合比

挤压边墙作为占进原垫层料内的齿型混凝土墙，要求其混凝土具有低强度、低弹模、半透水的特性，设计要求的参数见表 5－3。

为此配合比必须考虑以下几点：一是挤压机挤压力的大小，即挤压出的混凝土密实度满足渗透要求；二是挤压混凝土的强度和弹模值满足要求；三是配合比适合可施工的要求。同时，在满足垫层料施工和临时防洪度汛固坡的前提下，使得混凝土挤压墙越接近垫层料越好，以减少对面板的约束，减少混凝土面板产生裂缝的可能性。

表 5-3　　挤压边墙混凝土设计要求参数

干密度值	弹性模量	抗压强度	渗透系数
≥2.0g/cm^3	3000～8000MPa	<5MPa	10^{-2}～10^{-4}cm/s

由于挤压机对混凝土配合比比较敏感，湿的混凝土行进速度快，干的混凝土行进速度慢，因此挤压边墙混凝土可按一级配干硬性混凝土配合比设计，坍落度为0，采用水泥用量80～90kg/m^3，用水量100kg/m^3左右，水灰比1.31～1.45，速凝剂适量。水泥采用P.O 32.5普通硅酸盐水泥，砂石骨料采用骨料场加工的特殊垫层料。

3. 施工准备

施工准备包括施工布置、施工机械选择、施工场地准备、边墙挤压机就位等。

4. 挤压混凝土施工

（1）挤压边墙混凝土施工工艺流程。

（2）施工方法。

施工方法包括测量放线、挤压机就位、混凝土拌制运输、混凝土浇筑、挤压边墙端头处理、垫层料填筑碾压、缺陷（错台、起包、倒塌等现象）处理、乳化沥青施工、检测仪器埋设、质量检测。

五、坝顶混凝土施工

大坝坝顶混凝土施工包括上游防浪墙、下游侧排水沟及路面混凝土施工等内容。

六、混凝土施工机械配置

具体机具数量由实际施工面板分块数量及施工进度要求确定。混凝土施工机械配置表见表5.4。

表 5-4　　混凝土施工机械配置表

设备名称	规格	型号	单位	数量	用途
无轨滑模					
止水片成型机					
钢筋台车					
施工台车					
电焊机					
振捣器					
吊车					
钢筋切断机					
直螺栓滚丝机					
电动冲击锤					
装载机					
自卸汽车					
搅拌车					

七、混凝土施工质量、安全保证措施

从组织、管理、技术、经济等方面阐述混凝土施工的质量、安全保证措施。

【评价反馈】

组内、组间学生相互检查评价，教师检查评价。主要检查内容包括：所完成任务内容完整性、条理清晰性、计算准确性、专业术语用词准确性、书写工整情况等。

【相关知识点】

一、单块趾板施工程序

单块趾板施工程序为：趾板岩基面清洗→测量放样→回填混凝土、安插锚杆→架立筋安装→钢筋绑扎、焊接→模板安装→止水安装→施工缝插筋及灌浆管预埋→仓面验收→混凝土浇筑→养护→拆模板→止水铜片保护。

二、混凝土制备及运输相关技术规定

鉴于面板与趾板处于外部水位变化区，经常受水流冲刷，在寒冷地区尚有抗冻要求的情况，因此优先选用硅酸盐水泥，且要求其强度等级不低于 42.5MPa。

中国水利水电科学研究院曾对西北口面板坝工程采用不同品种水泥进行混凝土性能试验，结果表明，水泥品种对面板混凝土和易性有较大影响，采用保水性好、泌水量少的水泥，其混凝土和易性好，且易于输送。试验认为，硅酸盐水泥、普通硅酸盐水泥，最适宜于浇筑面板混凝土；矿渣水泥保水性差，泌水量大，其混凝土和易性也差。为此，本条规定，对其他品种水泥，需经试验论证及批准后方可使用。

水泥强度等级对混凝土干缩、抗拉强度、极限拉伸值有较大影响。根据某工程面板混凝土试验研究结果，在不掺外加剂，水灰比和砂率相同的条件下，水泥强度等级 32.5 的混凝土与水泥强度等级 42.5 的混凝土相比，干缩率大 20.7%，劈拉强度小 12.5%，极限拉伸值约小 3.4%。因此，采用 42.5 强度等级水泥对面板抗裂有利。

混凝土原材料使用前按有关标准进行检验复核，是保证质量的重要措施。

砂石骨料质量对混凝土质量有直接影响，尤其是粗细骨料中的含泥量对混凝土耐久性影响较大，而且使混凝土收缩加大，易于发生裂缝，故应严格控制。SL 677—2014《水工混凝土施工规范》中规定，粗骨料 D20、D40 粒径级的含泥量应不大于 1%，不小于 $C_{90}30$ 和有抗冻要求的混凝土天然砂中含泥量应不大于 3%。砂中的含泥量指小于 0.08mm 颗粒的总量。由于面板和趾板混凝土的特殊性，根据经验，一般采用较高的标准。

混凝土面板板块长且薄，长期暴露于大气或水中，采用溜槽等输送方式及滑模浇筑工艺，既要满足设计各项性能指标，又要满足施工工艺要求，因此，规定配合比要通过设计和试验确定。由于目前工程上常用抗冻性作为耐久性的间接指标，故在没有抗冻要求的温和地区，也要求混凝土有 F50～F100 的抗冻指标；保证混凝土具有良好的和易性，满足滑模浇筑、溜槽输送以及振捣密实等要求。

(1) 根据试验研究和工程经验，掺引气剂可以显著提高混凝土抗渗、抗冻等耐久性能，改善混凝土的和易性，因此面板混凝土基本都掺用。含气量一般在 4%～6%，对抗冻要求高的严寒地区取大值，温和地区取小值。

掺用减水剂有利于改善混凝土和易性、减少混凝土用水量和水泥用量、提高混凝土强度等性能。减水剂的品种较多，尽量选用非引气型的高效减水剂，提高减水效果，并保证混凝土中的含气量均为引气剂引发的细小气泡。需根据具体情况试验确定。缓凝剂能根据不同气候条件的施工需要调节混凝土的凝结时间，可以根据施工需要选用。

由于各工程原材料性能、气候条件等千差万别，外加剂如使用不当也会产生负面影响，因此，外加剂的品种、掺量需通过试验确定。试验时，尤其要注意各种外加剂与水泥之间的相容性。为确保混凝土性能稳定，每批外加剂进场后都必须进行试验。

(2) 面板混凝土中掺用一定量的粉煤灰或其他掺合料，在许多面板坝工程中都有应用。粉煤灰代替一部分砂可以改善混凝土的和易性，粉煤灰代替一部分水泥对降低水泥用量、改善混凝土热学性能和变形性能、减少混凝土收缩等有良好效果，掺加粉煤灰还有抑制骨料碱活性的作用。有些工程在面板混凝土中还掺用了石粉、硅粉等，可以根据原材料情况及具体需要通过试验选用。

(3) 水胶比是决定混凝土强度、抗渗性、抗冻性和耐久性等的基本参数。大多数面板混凝土水胶比在 0.5 以下。严寒地区抗冻等级要求高，水胶比一般小于 0.45，如西藏查龙面板混凝土水胶比为 0.35，莲花面板混凝土水胶比为 0.338。降低混凝土中的用水量可以有效地减少混凝土的收缩和渗透性，提高耐久性。根据面板混凝土施工经验，尽量减少用水量。

(4) 混凝土和易性是决定混凝土拌和物施工性能的重要指标，坍落度是和易性的指标之一。采用溜槽输送入仓时，入口处坍落度一般控制在 30～70mm。

部分工程在面板混凝土中掺入聚丙烯腈纤维，以提高混凝土的抗裂性能，如水布垭水电站等。也有在面板混凝土中掺加增密防裂剂、微膨胀剂，防止或减少裂缝，取得一定效果，但仅有少数个案。拟在面板混凝土中掺加微膨胀材料，要针对具体工程进行专门防裂设计或专题论证。

混凝土搅拌机有强制式和自落式。由于面板混凝土有引气要求，拌和程序和时间以保证拌和均匀、充分引气为原则。拌和时间按 SL 677—2014《水工混凝土施工规范》的规定执行，为保证充分引气，拌和时间可以适当延长。

含气量对混凝土性能影响较大，故在混凝土浇筑时，要在机口取样随时监测其含气量值，并据此随时调整施工配合比。

面板和趾板混凝土对和易性的要求较高。为避免运输过程中混凝土坍落度损失等不利影响，根据施工条件优先选用搅拌车运输，尽量采用聚羧酸高性能减水剂，减水率达 25%～40%，掺量低，流动性好，净浆流动度不小于 280mm，坍落度损失小。对掺入聚丙烯腈纤维的混凝土，一般采用自卸运输车。有些工程搅拌设备布置在工作面附近，混凝土运输距离较近，也可以用其他运输手段。如黄河积石峡面板浇筑施工时，混凝土拌和站建在坝顶，小型四轮翻斗车运输，运距 300m 以内，混凝土掺加聚羧酸高性能减水剂、引气剂和增密防裂剂，出机坍落度控制在 3～4cm，施工性能和效果良好，较大幅度减少了混凝土面板裂缝。

实践经验表明，溜槽是在斜坡面上输送混凝土拌和物的较为合适的工具。溜槽数量需与面板宽度相适应，以保证混凝土输送能力，减少出口端溜槽摆动的幅度，溜槽摆动幅度大，容易脱节，混凝土拌和物运送过程容易溢出和撒落。根据工程实践，宽度小于 8m 时，可以用 1 条溜槽；宽度为 8～12m 时，可用 2 条溜槽；宽度为 12m 以上时，可以用 3 条溜槽。面板施工时，也可以采用 1 条溜槽集中送料、布料机布料的方式，对于提高布料的均匀性、加快布料速度等有较好效果。有的工程成功地使用了与面板等宽的底卸运料台车输送混凝土，也可以参考。

对于超长面板，宜采用真空溜槽、储料斗等输送形式，并改进布料工艺，以确保混凝土不分离。

三、趾板施工相关规定

统筹安排趾板混凝土施工与趾板基础处理，避免相互干扰。

预埋灌浆导管钻孔时可以避开钢筋并减少工作量，一般采用钢管或硬塑管，需牢固固定。也有的工程采用了不设导管直接钻孔的方法，如引子渡、八都和珊溪等工程。

当趾板基础遇到断层破碎带和张开裂隙，在进行局部深挖与回填混凝土处理时，先回填混凝土至设计高程，再浇筑趾板混凝土，对防止裂缝有利。

趾板设计线转折或结构有特殊要求的部位，设计对分缝一般会作出明确的规定。其他部位可按施工条件设置施工缝，珊溪、引子渡、三板溪等工程趾板分缝除在满足设计要求的基础上，实际分缝长度自数米至二十多米不等。

当趾板较长时，也可以先预留 1～2m 后浇块，趾板浇筑 28d 后，再浇筑后浇块。后浇块一般采用微膨胀混凝土。洪家渡、水布垭等工程趾板施工时就采用了预留后浇块的做法。

四、面板施工相关规定

当大坝较高、工程量较大时，面板分期施工是必要的。否则会因为坝坡太长，给施工带来较大困难，也有利于防止裂缝。同时可以使坝体填筑、面板混凝土施工更趋均衡，为施工期提前蓄水创造条件。也有坝高超过 100m 的面板一次浇筑的实例。

为减少面板浇筑后坝体沉降对面板变形的影响，控制面板的脱空与结构性裂缝，面板施工应满足预沉降期及沉降速率的规定和设计要求。当前，对于预沉降期的控制有下列不同做法：①坝高 100m 以上按面板顶部处坝体沉降速率 3～5mm/月控制，中低坝沉降速率小于 10mm/月；②在对应坝体主沉降压缩变形完成以后（由沉降过程线可知），安排面板混凝土施工；三板溪工程设计要求 5 个月的预沉降期，实际施工中的预沉降期达到 6～7 个月，并以浇筑前面板顶部处坝体沉降速率小于 5mm/月控制。公伯峡坝面板开始施工时，预沉降期 4 个多月，坝体处于次沉降压缩变形期。

面板分期浇筑时。尽量加大浇筑平台与分期面板顶部的高差（至少 10m），可以减少后期坝体沉降对面板的影响。三板溪工程一期、二期面板浇筑时，面板顶部与浇筑平台的高差分别为 25m 和 38m。

面板施工前，需要对垫层坡面保护层进行检查。在垫层表面布置方格网，测量其相对高程和轮廓线，并按设计放样出纵缝线位置，据此确定面板厚度和纵剖面，以保证面板达到设计厚度，使超浇混凝土量减至最小。发现脱空、坡面局部损坏等需及时进行处理的要求。

采用无轨滑模浇筑面板是成功的。无轨滑模的特点在于：滑动模板由侧模或已浇块混凝土和混凝土浮托力支承，取消了专用轨道；起始三角块可以与主面板一起浇筑；滑动模板重量轻、配套设备少，制造、安装和移动就位较为方便。

面板混凝土跳仓浇筑的目的，在于保持滑动模板平衡滑升，并使相邻的已浇块有一定龄期。

滑动模板设计时要考虑安全可靠、施工方便的要求。

（1）为适应面板条块宽度和滑模平整度的要求，根据施工经验，无轨滑模长度可以定为面板条块宽度加 400mm，如面板条块有 2 种宽度，滑动模板可以采用分段组合式，以提高模板利用率。滑动模板宽度一般为 1.5m。

（2）为使滑模具有足够的强度和刚度，需进行结构计算。为防止板面变形，需控制板面的厚度，并在板面背面加肋板。

（3）滑动模板的自身质量加配重需大于新浇混凝土对滑模产生的上托力，一般通过试验确定其大小，也可以根据经验确定，需要时可以用配重调节滑模重量。

（4）为满足施工振捣和压面的需要，滑动模板上需有足够宽度的工作平台和修整平台，并设有安全扶手或栏杆。

垂直缝下的砂浆垫是安装底层止水和侧模的基准。较多的工程按照“坡面平整、确保厚度、随坡浇筑”的原则施工，可以满足混凝土面板施工的要求。

面板钢筋采用现场绑扎，钢筋接头除焊接外，还可以采用冷挤压、镦粗直螺纹等机械连接方法，也可以用预制钢筋网片、现场拼装的方法。强调钢筋网需与接地网连接牢固。

在垫层上打设架立筋需按设计要求设置和处理。混凝土浇筑时，需将打入垫层料的架立筋逐次割断，以免增加面板基础的约束力。置于上游固坡表面的“板凳筋”可以不处理。

根据施工经验，侧模也可以分段安装，从下部已浇筑的面板部位拆模翻到上部安装。

面板混凝土滑模施工，强调均匀布料、薄层浇筑。这一方法的优点在于：

（1）滑升牵引力小。

（2）滑动模板不致被抬动，表面平整度高。

（3）溜槽在集料斗控制下处于连续供料状态，不致在模板前堆积过多混凝土。根据施工经验，入仓混凝土的每层厚度控制在 250～300mm。河床部分趾板止水设施附近的混凝土难以浇筑密实，要采用各种工艺措施做好这一环节。一般用人工布料，避免骨料集中，有的还采用一级配混凝土先回填，有的采用先不放置滑模，在止水设施附近混凝土填实后再覆盖滑模等。靠近侧模处的钢筋较密，又有止水设施，捣实较为困难。因此，对接缝止水附近的混凝土振捣要特别小心，可以采用小型振捣器（直径不大于 30mm），并充分振捣，以确保质量。

滑模施工的滑升速度，要与浇筑速度、脱模时间相适应，平均滑升速度以 1.5～

2.5m/h为宜。滑升速度太快容易出现滑模抬动、振捣不易密实、混凝土面呈波浪形等现象。因此，对滑模的最大滑升速度应予以限制，一般不超过3.0m/h。

每次滑升的间隔时间一般不超过30min，目的是防止拉伤已浇面板。如超过此时间需适当移动滑模位置。

施工缝是面板防渗的薄弱环节，如施工不精心，处理不当，可能形成渗漏隐患。施工缝按规定的方向留设目的是延长渗径。露出施工缝的钢筋长度应不小于其锚固长度。水平施工缝大多不设止水，按照DL/T 5144—2015《水工混凝土施工规范》的规定，认真进行凿毛、冲洗、清除污物和排除表面积水，浇筑混凝土前需先铺一层20～30mm厚，且与混凝土内砂浆成分相同强度等级宜高一级的砂浆。

分期施工时，已施工面板顶部与垫层常有脱空产生，后续面板施工时需详细检查和处理。在浇筑防浪墙底座前，也要做此项检查和处理。天生桥一级混凝土面板堆石坝，一期、二期、三期面板顶部的一定范围内都曾出现脱空现象，在下道工序前进行了检查清理，并灌注收缩性很小的水泥粉煤灰浆予以填充。

五、面板施工质量保证措施

混凝土面板是面板堆石坝蓄水后防渗的主体结构，关系到工程安全运行和效益发挥。施工中，必须严格按质量标准和技术要求实施。

（一）滑模及配套机具的检查

滑模及其配套机具制作完成后，应对其强度和刚度、外形尺寸进行严格检查。

（二）混凝土原材料的检验

面板混凝土所用水泥、粉煤灰、骨料、外加剂、纤维、水、钢筋等原材料应符合技术要求和有关规范规定。材料进场后，应对混凝土原材料进行控制与检验。

（1）水泥。面板混凝土采用的水泥各项技术指标应满足规范及设计要求。

（2）钢筋。钢筋应有出厂合格证书、材质试验报告单等材料。进场后按不同等级、规格分批验收，分别堆放，并设置明显标识牌。在运输、贮存过程中，避免锈蚀和污染。

钢筋使用前，按合同规定和监理工程师的指示进行必要的检验和试验。

（3）水。采用经处理符合饮用水标准的水。

（4）砂石骨料。砂石骨料可采用天然骨料，也可采用人工骨料。骨料应质地坚硬、洁净、级配良好，品质满足规范有关要求。

混凝土浇筑前，对砂石骨料进行各项指标检验，其细度模数、级配、含泥量、含粉量、压碎值、有机质含量等各项指标满足设计或规范要求。

（5）粉煤灰。采用优质粉煤灰，其品质满足设计或规范要求。

施工过程中，不定时随机抽查检验，确保粉煤灰质量均匀、稳定、可靠。

（6）外加剂。减水剂一般选用高效减水剂（如第二代萘系、第三代羧酸类）。

外加剂应有出厂合格证，并随机抽样检验。已配制的外加剂溶液浓度每班至少检查一次。

在施工过程中，外加剂每次稀释总量的使用时间不超过7d，严禁使用失效的外加剂。不同品种的外加剂分开储存，在运输与储存中不得混装，避免交叉污染。

（7）纤维。可根据工程情况采用聚乙烯纤维、聚丙烯纤维、聚丙烯腈纤维等。

纤维要求有出厂合格证和检验报告，各项指标满足设计要求。其掺量满足规定要求，并经试验确定。

（三）混凝土拌合物的检验

在拌合生产车间，试验室每班应检查拌合物的均匀性、坍落度和含气量。并按设计技术要求的抽检频次，对混凝土的各项检测指标进行抽样检查。

（四）混凝土开仓前仓面内的止水设施检查

混凝土浇筑前，对条块范围内周边缝、垂直缝止水进行严格检查，如有损害迹点，应尽快修补合格。

（五）混凝土浇筑过程中的检查

面板与趾板混凝土施工中断容易形成结构薄弱面。据分析，有些面板裂缝与滑模浇筑过程中施工中断有关。因此，面板与趾板混凝土浇筑应保持连续性，避免发生冷缝。非人力可及的因素，如下暴雨、停电等，施工中止且超过允许间歇时间（自出料时算起到覆盖上层混凝土时为止），则应按施工缝处理。未超过允许间歇时间仍可继续浇筑混凝土，但需充分注意结合面浇筑质量。对超过允许间歇时间的混凝土拌和物，应做废料处理，不得强行加水重新拌和入仓或直接浇入混凝土中。

面板与趾板混凝土一般掺有外加剂或掺合料，因此，允许间歇时间应通过试验确定。

经验表明，环境温度和湿度对于面板抗裂有较大影响。有些工程的面板由于在气温较高、空气干燥的条件下浇筑，导致裂缝较多。因此，面板混凝土施工需选择气温适宜、湿度较大的有利时段进行，避开高温、负温、多雨、大风季节。一般日平均气温在10～20℃范围较为适宜。不能避开高温天气时，则须采取必要的温控措施，如以冰代水拌和，控制入仓温度，设遮阳篷，仓面喷雾等，以保证混凝土质量。

施工中的质量检查和控制，根据现场情况及时调整施工方法和参数，是获得优质面板和趾板很重要的一环。有些工程面板出现裂缝也与施工中质量检查和控制不力有关。要做好施工原始记录，作为分析面板及趾板施工质量的重要依据。

整个混凝土浇筑过程必须建立在“三级检查制”的基础上，经终检后向监理工程师提交终验表和终验报告。

（六）混凝土的检验

混凝土检验以抗压强度为主，辅以抗冻、抗渗、抗拉等其他指标。混凝土试件应在机口随机取样成型，同时须在浇筑地点取一定数量的试件，以资比较。试件检测类型、方法、数量应符合规范规定。

（七）混凝土浇筑后的质量检查

养护对面板混凝土防裂有重要作用。有些工程面板出现裂缝与养护不及时、养护方法不当或养护时间太短有关。混凝土出模后及时用塑料薄膜遮盖。混凝土初凝后及时洒水养护并覆盖土工布等材料，以达到保温保湿的目的。为防止人员随养护材料滑落，造成安全事故，必须对养护材料采取有效的固定措施。高温季节突然降温或连续几天降雨以及日温差大、风速大时，尤其要及时对混凝土面板表面进行保温。如水布垭水电站，混凝土出模经人工收面后，在混凝土表面覆盖粘有塑料膜的绒毛毡保温被，并用从坝面供水管引出的支管进行洒水养护，达到保温和保湿的效果。单块面板浇筑完毕后，在顶部布置一趟钻孔的花管进行不间断流水保湿养护。

混凝土面板板块薄而长，施工期间至蓄水前暴露在大气中，容易受气候条件及温湿度变化的影响而产生裂缝。因此，养护时间以连续养护至水库蓄水或至少养护 90d 为宜。严寒干旱地区面板在空库条件下过冬需做好防护，并防止反渗排水系统冰冻受堵。

1. 混凝土表面检查

（1）表面流水养护检查。设专职人员检查混凝土面板养护工作，发现有遗漏之处及时处理，并加强监控、指导。

（2）混凝土保温检查。

1）不定期检查保温材料表面和底部的温度，做好记录，指导保温作业。

2）保温材料无破损、遮盖严实，自然温度下降时，还应加盖保温材料。

3）加强水位变化区面板混凝土保温，以防因介质或库水位变化对面板混凝土带来不利影响。

（3）混凝土表面缺陷检查。主要检查混凝土表面的平整度、麻面、蜂窝狗洞、露筋、表面裂缝、深层及贯穿裂缝等。

2. 混凝土内部检查

通过埋设在混凝土内部的有关检测仪器，定期进行混凝土内部检测，发现异常查明原因，及时采取处理措施。

（八）止水材料质量检查与控制

1. 止水材料质量的检查

每批止水材料到货后应检查是否有生产厂家的性能检测报告、出厂合格证明。应会同监理工程师进行取样检验或送至通过国家计量认证的单位检验，根据性能检验报告确定材料质量是否合格。

2. 止水片加工成型和连接质量的检查

止水片加工成型、接头焊接后，均应进行仔细检查。铜止水片焊接接头可用煤油做渗透试验，检验是否有漏点，确认符合质量要求后再予以安装。对加工缺陷或焊接质量不符合要求的部位，应用红油漆标出，及时焊补。

3. 安装前后或浇筑过程中检查

止水片在安装前后或浇筑混凝土过程中，应指定专人检查和监督，若有损伤及时处理以满足止水片质量要求。

4. 柔性填料施工检查

柔性填料铺设一般按纵向 50m 一段进行施工。专人跟班检查，用模具检查其几何尺寸是否符合施工图纸要求，并会同监理工程师切开取样，检查柔性填料与“V”形槽表面是否黏结牢固，填料是否密实等，如有不符，应返工处理。

（九）裂缝处理质量检查

（1）预缩水泥砂浆配比应通过室内试验确定，性能应满足规定要求。

（2）已进行过化学灌浆的混凝土裂缝，须进行压水检查，每条缝至少有 1 组检查。平均宽度大于 0.3mm 的灌缝取 2 组检查孔。

（3）据灌浆情况，布置10%的钻孔取芯检查孔。对缝宽大于0.3mm的裂缝，每条缝均应取芯检查。

六、施工安全保证措施

（一）坡面处理

（1）坡面修整、凿槽、铺设砂浆、喷涂沥青等作业，应尽量安排在白天进行。施工时应有安全人员全过程监控。

（2）左右趾板侧、面板坡面应配备硬质带扶手的踏步梯，作业部位还应配备软梯、安全绳，坡面作业人员应系安全带。

（3）铺筑砂浆和喷乳化沥青的作业台车制作、安装应符合有关安全规范规定。

（4）坡面作业设备应定期进行运行检查。操作人员应经岗前培训，持证上岗，并严格遵守岗位操作规程。

（二）卷扬机

（1）卷扬机应安装在坚固的基础上，安装地点能使操作人员清楚地看见滑模、台车的运行。

（2）同组牵引滑模的两台卷扬机应同型号。使用前应对钢丝绳、电气设备、制动装置进行精心检查，经鉴定可靠后方可拉模。

（三）滑模

（1）滑模设计应有足够的刚度，安装、运行、拆卸方便，具有安全保险装置和通信联络措施。

（2）滑模下放或上升时，要有专人负责上下通信联系，做到统一指挥。

（3）滑模运动时，上口和下口作业面严禁施工人员停留和行走；牵引前应仔细观察，确认同边无异常情况后再进行上、下动作。

（四）水平布料设备

（1）皮带机桁架与滑模和侧模连接部位必须经常检查，保持稳固，以防在运行或随滑模同步滑移过程中垮塌。

（2）螺旋机转动的危险部位应设防护装置，进料口周围应设有围栏。处理故障或维修之前，必须切断电源停止运转。

（五）垂直布料设备

（1）集料斗、溜槽要固定牢靠，溜槽内间隔30～50m和出料口处设柔性挡板，顶面用柔性材料封闭。

（2）溜槽下料时，出料口正下方作业人员应避让，以防飞石伤人。

（3）集料斗下料时，操作人员应均匀卸料，不得过快，避免造成滑模上口出现混凝土料壅高的现象，增加牵引设备的荷载。

（六）钢筋制安

（1）用于钢筋加工的设备应保持完好，操作人员应持证上岗，加工好的钢筋分类编号堆放整齐。

（2）坡面运输钢筋的台车应定期进行运行检查，严禁超载运行。

（3）钢筋进入施工部位后，应及时安装。不得直接堆放在坡面上，防止钢筋顺坡滑落伤人。

（七）坡面止水安装

（1）坡面设置人行踏梯，并做好施工用电、夜间照明等安全防护措施。

（2）运送各种止水材料时，应针对不同运送方式，采取相应的防滑落措施。止水铜片转运至作业面时，应用麻绳拴牢往下放。下放时，其下方坡面上不得有人。就位后的止水片应进行临时加固，以免滑动。运送热化过的沥青时，须穿戴相关防护衣、防护鞋，避免烫伤。

（3）焊接铜止水片时，应遵守焊接的有关安全技术操作规程。焊接人员还应针对坡面作业的特点做好自身防护。

（4）非定型的止水片成型机具，除应有安全保护和控制装置外，还应有完整的设备说明书和具体安全操作规定。

（5）施工现场止水片成型加工地点应留有宽敞的通道和充足的出料空间，并应考虑操作时的材料摆放。

（6）采用热粘接或热焊 PVC 止水带或采用硫化连接橡胶止水带，在使用电加热器或炭火时，须遵守用电或用火安全规定，应避免触电、烫伤或失火。

（7）面板接缝止水安装作业人员，应谨慎作业。避免与钢筋、模板等物碰撞，落脚不踏空或踏在活动物件上，必要时使用安全带。

七、施工环保措施

（一）环境保护措施

认真贯彻落实国家有关环境保护的法律、法规和规章及技术文件的有关规定，做好施工区域的环境保护工作。工程开工前，编制详细的施工区和生活区的环境保护措施计划，报监理人审批后实施。根据具体的施工计划制定出与工程同步的防止施工环境污染的措施，认真作好施工区和生活营地的环境保护工作，防止工程施工造成施工区附近地区的环境污染和破坏。

（二）防止污染

（1）工程开工前，编制详细的施工区和生活区的环境保护措施计划，报监理人审批后实施。

（2）由于施工活动引起的污染，采取有效的措施加以控制。

（3）在水泥、粉煤灰装卸运输过程中，保持良好的密封状态，并由密封系统从罐车卸载到储存罐，所有出口配置袋式过滤器。混凝土拌合系统安装除尘设备。

（4）机械车辆使用过程中，加强维修和保养，防止汽油、柴油、机油的泄露，保证进气、排气系统畅通。

（5）运输车辆及施工机械使用优质燃料，减少有毒、有害气体的排放量。

（6）防止运输车辆将砂石、混凝土、石渣等撒落在施工道路及工区场地上。场内施工道路保持路面平整，排水畅通，并经常检查、维护及保养。

（7）不在施工区内焚烧会产生有毒或恶臭气体的物质。

（三）加强水质保护

（1）砂石筛分冲洗系统、混凝土拌合楼的废水经集中沉淀池充分沉淀处理后排放，沉淀的浆液和废渣定期清理。

（2）施工机械、车辆定时集中清洗。清洗水经集水池沉淀处理后再向外排放。

（3）生产、生活污水采取治理措施，对生产污水按要求设置水沟塞、挡板、沉砂池等净化设施，保证排水达标。生活污水先经化粪池发酵杀菌后，按规定集中处理或由专用管道输送到无危害水域。

（四）加强噪声控制

（1）加强交通噪声的控制和管理。合理安排运输时间，避免车辆噪声污染对敏感区影响。合理布置混凝土及砂浆搅拌机等机械的位置，尽量远离居民区。

（2）选用低噪声设备，加强机械设备的维护和保养，降低施工噪声。

任务六 进度计划编制

【工作任务】

认真阅读招标文件中工程概况及相关工程条件资料，结合前几个任务选择的各项目施工机械及施工方法，确定各施工项目的持续时间，合理组织进度安排，编制适合的施工进度计划。

【工作目标】

（1）掌握水利工程施工进度计划编制要求和步骤。

（2）掌握各工程项目施工持续时间计算方法。

（3）掌握横道图和双代号网络图施工进度计划的编制方法。

（4）掌握双代号网络图时间参数的确定方法。

（5）能根据合同工期要求和工程具体条件编制横道图或双代号网络图形式的进度计划。

（6）能对进度计划进行合理优化和调整。

【任务分组】

<table>
<tr><th colspan="6">学生工作任务书</th></tr>
<tr><td>工作任务</td><td colspan="3"></td><td>建议学时</td><td></td></tr>
<tr><td>班级</td><td></td><td>学员姓名</td><td></td><td>工作日期</td><td></td></tr>
<tr><td>小组任务分工</td><td colspan="5"></td></tr>
<tr><td>提交成果</td><td colspan="5"></td></tr>
</table>

【引导问题】

（1）根据SL 303—2017《水利水电工程施工组织设计规范》，工程建设全过程可划分为哪几个阶段？

（2）编制施工进度计划应遵循的原则有哪些？

（3）工程设计及施工阶段常用的施工进度计划表达方式有哪些？

（4）横道计划的优点和缺点有哪些？

【工作计划】

根据小组任务分工和收集到的信息资料，编制土石坝施工进度计划，分组利用横道图或双代号网络图进行表示。

【进度决策】

分组汇报，教师点评，共同确定进度计划编制的工作内容和流程。

【工作实施】

一、收集、整理、研究相关资料

收集、分析编制施工进度计划所必需的资料，综合考虑招标文件要求、其他标段工程施工进度、本工程施工规划部署、施工导流方案等相关因素，研究确定开工日期、完工日期、里程碑节点时间等控制性计划目标。

二、项目结构分解，划分施工作业单元，合理确定工作逻辑关系、工艺过程

依据施工图纸、水利水电工程施工规范和设计要求，简单确定工程项目划分表。确保各单位工程、分部工程和分项工程施工工序的完整性。单位工程确定以具有独立使用功能和独立施工条件为准进行划分，分部工程以单位工程的结构组成和工程特点等划分，如地基与基础、主体工程（坝体工程）、安装工程等进行划分。分项工程的划分按工种划分，分项工程如土方开挖分项工程、土方（夯）回填分项工程、混凝土分项工程、模板分项工程、钢筋分项工程等。分项工程的顺序确定，必须符合水利水电工程施工技术要求，符合施工技术规律，并结合工程特点、图纸要求、施工方案、施工方法、施工环境等确定施工顺序，以防工序倒置，造成的工程窝工或返工。

施工活动应按其依赖关系进行排序。强制性依赖关系是硬逻辑关系是施工活动固有的依赖关系，形成了对后续施工活动的外部客观限制条件；可自由处理的依赖关系分为优先级逻辑关系和软逻辑关系，是内部根据具体情况安排的依赖关系，这类关系可能会限制施工活动的顺序安排。

施工活动的逻辑依赖关系可用完成-开始型（后续工作开始依赖于前置工作的完成）、开始-开始型（后续工作的开始依赖于前置工作的开始）、完成-完成型（后续工作的完成依赖于前置工作的完成）和开始-完成型（后续工作的完成依赖于前置工作的开始）等四种类型表现。通常划分施工过程应按顺序列成表格，编排序号，避免遗漏或重复。凡是与工程对象现场施工直接有关的内容均应列入，辅助性内容和服务性内容可不予列入。划分施工过程应与施工方案相一致。

施工顺序是在施工方案中确定的施工流向和施工程序的基础上，按照所选施工方法和施工机械的要求确定的。由于施工顺序是在施工进度计划中正式定案的，所以最好能够在施工进度计划编制时具体研究确定施工顺序。确定施工顺序是为了按照施工的技术规律和合理的组织关系，解决各项目之间在时间上的先后顺序和搭接关系，以期做到充分利用空

间，在保证工程质量、施工安全的基础上争取时间，实现合理安排工期的目的。安排施工顺序必须遵循工艺关系，优化组织关系。

三、计算工序持续时间，确定各工作资源消耗强度

（一）计算工程量

计算工程量应针对划分的每一个施工过程分段计算，可套用施工预算的工程量，也可以由编制者根据图纸并按施工方案安排自行计算，或根据施工预算加工整理。需要时计算劳动量和机械分班制。

（二）计算持续时间

年度、月度进度计划以及旬、周施工作业计划是以年、月、旬、周为计划时段的施工作业的具体安排。年度、月度施工计划应反映各施工作业相应的日历天的安排。旬、周施工作业计划应反映各施工作业相应的日历天及分班作业的安排。

施工过程的持续时间应按正常情况确定，它的费用一般是最低的。施工活动时间的计算可采用定额计算、历史数据、经验类比和专家意见等方法确定，并应考虑人员熟练程度及设备完好状况、队伍工作能力及效率、突发事件影响、计划调整的时间损失等。

进度的时间参数主要包括约定开始时间和结束时间、最早开始时间和最早结束时间、最迟开始时间和最迟结束时间以及时差等。约定开始时间和结束时间实际上规定了项目的时间周期，也就是规定了完成项目的时间限制；时差是施工活动由于最早开始时间与最迟开始时间不同造成的开始时间浮动或最早结束时间与最迟结束时间不同造成的结束时间浮动所形成的。

经过计算编制出的初始计划应结合实际按均衡生产的原则和资源最佳投入方式作必要的调整，是避免因盲目抢工而造成浪费的有效方法。按照实际施工条件来估算项目的持续时间是较为简单的方法。

四、编制进度计划初始方案

根据各工作持续时间、紧前（紧后）工作逻辑关系、分类资源需要强度，细化编制工作明细表，据此绘制进度计划，确定各工作的开工时间、完工时间和相互搭接关系。

五、确定网络图时间参数和关键线路

根据绘制的初始网络计划，确定各工作时间参数，明确关键线路和关键工作。

六、优化网络计划

利用时差，不断改进网络计划的方案，达到工期最短、资源利用最有效和费用最少的目标。通常包括以下 3 种类型的优化。

（一）资源一定，工期最短

即在人力、物力、财力一定的条件下，寻求最短工期的方法。

（1）向关键作业要时间。抓住关键路线，缩短关键作业的消耗时间。这可以采用改进作业方法或改进工艺方案、合理分配工作任务、改进工艺装备等技术措施加以实现。

（2）向非关键工序要资源。利用时差从非关键工序中抽调部分人力、物力，集中用于关键工序，以缩短其所耗用的时间。

（3）采取组织措施。在作业方法或工艺流程许可的条件下，对关键工序上的一些关键作业采取平行、交叉作业，合理调配工程技术人员或操作者，尽量缩短各项作业耗用的时间。

（二）工期一定，资源平衡，资源工期最佳结合

即在工期一定的条件下，寻求资源平衡合理的方法。

（1）根据规定的工期和工作量，计算每一道工序所需的资源数量，编制出工程进度计划。

（2）在不超过有限资源和保证总工期的前提下合理调配资源，将资源优化分配给关键工序和时差较小的工序，并尽量使资源能够均衡、连续地投入，避免大增大减。

（3）为保证资源合理利用，必要时，适当调整总工期。这可以通过利用非关键路线上各工序的总时差，调整各非关键工序的开工和完工时间来实现。

（三）工期缩短，成本最低

这是寻求以最低的工程成本获得最短工期的一种方法。工程直接费用和间接费用与工期的关系，一般说来，缩短工期会引起直接费用的增加和间接费用的减少；而延长工期则反之。解决“工期缩短，成本最低”这一“工期-成本优化”问题的基本思路是，首先在于不断地从这些工序的耗用时间和费用关系中，找出能使计划工期缩短而又能使直接费用增加幅度最少的工序，使其耗用时间最短；然后考虑间接费用随着工期缩短而减少的影响，把不同工期的直接费用和间接费用分别相加，即可求得工程成本最低时相应的最优工期。这可以通过诸如渐近法、简化法、标记法和线性规划法等来实现。

【相关知识点】

一、施工阶段划分

根据SL 303—2017《水利水电工程施工组织设计规范》规定，水利工程建设全过程可分为工程筹建期、施工准备期、主体工程施工期、工程尾工完建期四个阶段，第一阶段为工程投资方筹建准备期，工程施工总工期应为后三阶段工期之和。为缩短工程建设周期，工程建设相邻两个阶段的部分工作可交叉平行进行。

（一）工程筹建期

工程筹建期是指项目立项、工程投资方成立项目筹建机构至施工队伍进场所需的准备时间，期间应完成的主要工作：项目立项审批工程对外交通，工程征地、移民、场平，施工供电和通信系统，以及施工招标、评标、签约等工作。

（二）施工准备期

施工准备期是指施工队伍进场至主体工程开工或河道截流闭气所需的时间，期间应完成的主要工作：场内“四通一平”、导流工程、两岸坝基及趾板基础开挖、料场覆盖层剥离、料场开采与大坝填筑碾压生产性试验、临时房屋和施工工厂设施建设等。

（三）主体工程施工期

主体工程施工期是指河道截流至水库下闸蓄水所需的工程建设时间，期间应完成的主要工作：大坝主体结构施工及坝前铺盖填筑、泄洪系统工程、引水发电系统的进口控制闸门、库区清理及大坝蓄水验收等。

（四）工程尾工完建期

工程尾工完建期是指水库下闸蓄水至工程完工验收阶段，期间主要完成导流洞封堵及灌浆、坝顶等与水库蓄水关系不密切的其他建筑物尾工完建工作、施工场地清理、复耕等。

二、准备工程

混凝土面板堆石坝工程，在截流后的第一个、第二个汛期来临前，坝体安全度汛面貌是极为关键的节点目标，而准备工程是实现度汛目标的前提。未完成必要的准备工程而仓促开工，反而会打乱施工导流度汛部署，造成极大的被动，影响工程质量、安全，耗费工程投资，拖延整个工程的工期。

（一）施工准备工程的主要项目及内容

（1）场外和场内交通道路、跨江桥梁等交通设施建设。

（2）料场复勘、覆盖层剥离及必要的坝体填筑前备料工作。

（3）砂石开采加工系统、混凝土生产系统、汽修厂等辅助企业和工厂的建设。

（4）场内外供电线路、变压站，场内风、水管路等设施的建设。

（5）仓库、办公、住宅等现场施工营地的建设。

（6）导流隧洞工程及上下游围堰工程建设。

在施工准备工程建设的同时，根据需要，部分属于永久工程项目，如大坝两岸及坝头的边坡治理、危岩处理、永久上坝道路、结合施工供电的永久输电线路及其他在准备工程期间必须兴建的永久工程，也要在准备工程期间内安排完成，否则将影响主体工程的开工及施工进度。

（二）施工准备工期的主要影响因素

施工准备阶段工期的长短，根据不同的工程特点，变化很大，主要受下列因素的影响。

（1）工程建设地区原有工业、交通等基础设施的发展水平。当地的基础设施完善、交通发达，则现场的施工准备工程规模可较小，准备工期短，反之，准备工期需要较长。

（2）工程建设地区的自然条件，特别是坝址区的地形、地质及进场道路条件。恶劣条件将使环境边坡治理、场内外道路、输电设施的建设工期大大延长，需要的准备工期长。

（3）施工征地、移民的难易程度。工程建设地区的民族文化不同，将影响准备工期。

（4）筑坝材料的开采条件。料场距坝址近、料源充足、覆盖层剥离量少、开采道路布置条件好，则准备工期短。

（5）主体建筑物的布置形式、施工导流方案，也将影响准备工期。

（三）准备工程施工进度编制

准备工程的施工进度，应在施工设计的各相关专业的设计工作基本完成，并提出了准备工程的规模和工程量之后进行编制，编制准备工程的施工进度，应以工程建设控制性进度要求为基础，使各项准备工程与主体工程的施工进度需要合理衔接。编制准备工程施工进度计划的步骤如下。

（1）列出准备工程的项目，了解各项准备工程布置概况，收集工程量等资料。

（2）根据各项准备工程的规模、工程量、施工特性，参照类似工程的经验，采用先进技术水平，分析、拟定所需的工期。

（3）分析各准备工程与服务主体之间及准备工程之间的相关关系，结合控制性进度表，绘制初步的准备工程施工进度表。

（4）综合平衡土石方、砌石、混凝土、房建等工程的施工强度及投资比例，调整、完善准备工程的施工进度。

（5）有时需要根据初步确定的投资计划、征地移民进展情况，适当调整准备工程的施工进度。

三、导流工程

混凝土面板堆石坝工程，宜优选采用隧洞导流、河床一次断流的导流方案。导流工程施工进度一般包括导流隧洞、参与泄洪度汛的水库泄洪洞、放空隧洞、上下游围堰等建筑物进度安排，以及截流时段、导流洞下闸封堵时段等关键节点时机的选择。

（一）导流隧洞及泄洪洞

建成导流洞工程，是进行河床截流的前提条件。因此，在准备工程开工后，应尽量创造条件安排导流洞施工，导流洞施工与其他准备工程、两岸坝肩开挖工程应同时进行，使两岸坝肩水上部分开挖能抢在河床截流前完成，否则将影响主关键线路工期。

参与泄洪度汛的泄洪洞、放空洞，在截流后的第一个枯水期内不参与导流，但有的要在第一个或第二个汛期参与度汛泄洪的，可以安排在相应汛前完成，开工时间可根据施工项目的工作量倒算确定，不必过早安排施工，以免占用工程前期的资源。

（二）上、下游围堰

围堰结构型式及挡水时段选择取决于导流方案，但不论选择何种围堰，在河床截流后，应在一个枯水期内完成，上、下游围堰同步施工，围堰的填筑升高速度，必须要达到能挡下月洪水度汛标准。

对于河床宽、覆盖层较深的工程，在条件许可的情况下，可考虑将基础防渗墙采用河床段分期施工，安排在施工准备期内先完成，并做好墙顶过流保护措施，在河床截流后，有效节省了龙口的闭气。白溪、滩坑水电站工程应用了该项“先完成河床基础闭气后截流”技术，提前1个月完成了基坑截流后的闭气，对确保河床截流后的第一个枯水期内度汛目标的实现有积极意义。

（三）截流时机选择

导流建筑物具备过流条件，是进行河床截流的前提。混凝土面板堆石坝工程，在截流前一般应完成两岸水上部分坝基开挖，截流后的第一个枯水期，是最为关键的施工阶段，截流时机应选择在枯水期的初期。截流时机选择应综合考虑下列多方面因素。

（1）在大流量河流上截流，为降低截流难度，最好选在河流出现最枯流量并避开流冰时段进行。

（2）满足围堰施工要求。河床截流后，要求围堰在一个枯水期内完成，采用全年围堰挡水的工程，应分析围堰本身的施工工期，从度汛要求时间节点倒排推算，确定河床截流的最晚时间。

(3) 满足坝体度汛断面施工要求。利用坝体临时断面挡水度汛的工程，截流后到第一个汛期汛前，必须完成河床坝基开挖与处理，并使坝体上升到拦洪高程，常常是填坝的高峰期，难度大。因此，应尽量提前截流，延长坝体度汛断面填筑时间，降低度汛风险。

(4) 在截流难度不大，或具有“洪中有枯”水文特性的河流上，为加快施工进度，可考虑在洪水期末进行截流，但必须详细分析截流风险，在确有把握的情况下才可进行。

(四) 下闸时间选择

导流洞下闸蓄水是水利水电工程关键里程碑节点，影响因素多，从编制施工总进度的角度，应综合考虑以下因素，全面比较分析确定。

(1) 永久的泄洪建筑物必须具备泄流条件。导流洞下闸后，水库即开始蓄水，对于调蓄库容不大的工程，可能在较短时间即有泄洪的要求，永久的泄洪建筑物必须投入使用；对于年调节或多年调节水库，下闸后短期内不需泄洪的，应按最不利情况进行蓄水计算，确保水库需要泄洪时，泄水建筑物能够投入使用，否则不能下闸封堵。

(2) 下闸前应做好库区清理、移民搬迁工作。对于库容量大，蓄水缓慢水库，可根据分期蓄水计划，分期搬迁移民。

(3) 满足导流洞封堵施工要求。下闸后水位不断上升，而导流洞封堵需要一定的时间，在堵头未发挥作用之前，水压力全由闸门承受，对于水位上升较快的水库，应进行蓄水计算，根据闸门的设计水头和堵头施工所需时间，确定下闸的时间。

(4) 以发电为主的工程，当水库蓄至最低发电水位后，即具备发电条件、在厂房机组安装有条件提前时，宜在汛末下闸蓄水，拦蓄部分洪水，争取提前发电。

(5) 下闸后将影响下游生态用水或航行要求的，应在下游供水设施建成后才能下闸。

四、坝基开挖与处理

(一) 坝基开挖

坝基开挖一般常分为岸坡和河床两部分，分界线一般按高出枯水期常水位 2～3m，或按截流前月平均流量相应水位加 2～3m 确定。

(1) 岸坡开挖。岸坡开挖一般不受洪水影响，应安排在截流前完成，其开工时间，应视准备工程进度而定，宜早为好。对于两岸边坡开挖高差大、危险岩体处理及岸坡地质缺陷处理工作量大的坝址，应根据处理方案慎重分析施工方法和工期，早做准备，提前开工，力争在截流前完成岸坡开挖及边坡支护。

(2) 河床开挖。河床开挖需待截流后在围堰内进行，混凝土面板堆石坝施工河床截流后的第一个枯水期最为关键。因此，河床开挖一般是控制施工总进度的关键项目，基坑宜采用大型的开挖和运输设备，加快开挖进度。河床坝基开挖一般分趾板和坝基两个区域同时进行，趾板区一般要求坐落到弱风化基岩，开挖期相对较长，坝基区不一定要完全清除河床覆盖层，开挖期较短，开挖完成后可考虑先安排坝后区填筑，以降低坝体填筑高峰强度。对于趾板坐落在覆盖层上的深覆盖层坝基，前后区开挖所需工期相差不大的，可根据出渣便利统筹考虑坝基开挖，开挖完成后再安排填筑。

（二）基础处理

混凝土面板堆石坝基础处理一般包括坝基地质断层、岩溶洞穴回填、陡坡反坡等地质缺陷处理，趾板固结和帷幕灌浆、深覆盖层上的坝基防渗墙等。

（1）地质缺陷处理。一般在坝基开挖完成后由低到高的顺序处理，河床段地质缺陷处理后，开始坝体填筑，两岸的地质缺陷可随坝体填筑升高时逐步处理，以不影响坝体填筑为原则。

（2）趾板固结和帷幕灌浆。一般在河床趾板混凝土浇筑完成并达到70%养护强度后，安排固结灌浆跟进施工；在相应部位固结灌浆完成后，安排帷幕灌浆施工，由低到高顺序进行，趾板灌浆可与坝体填筑平行作业，汛期洪水位以下部位灌浆施工宜在枯水期内完成，两岸灌浆，可均衡安排施工，帷幕灌浆一般应在水库蓄水前全部完成或完成最高初期蓄水水位以下部分。

（3）深覆盖层上的坝基防渗墙，防渗墙与趾板之间设置连接板过渡，连接板应在坝体填筑达到一定高度，坝前区侧向水平位移稳定后安排施工。

五、坝体填筑

混凝土面板堆石坝坝体填筑进度是工程控制性关键线路上的施工项目。填筑施工一般受气候因素影响较小，但在北方及高寒地区，冰冻期若安排坝体填筑应进行必要的试验，调整施工参数，其施工效率和物资供应也将受不同程度影响，施工强度安排应考虑上述因素。

坝体填筑进度应根据工程总工期要求和导流度汛方案，以施工导流为主导，并兼顾面板分期施工需要，进行坝体填筑分期规划，施工强度规划应统筹考虑施工场地布置、料场开采、上坝道路、土石方挖填平衡、施工方法等多方面因素，反复协调论证后，安排坝体填筑施工进度。

坝体填筑宜在坝基、两岸岸坡处理验收以及相应部位的趾板混凝土浇筑完成后进行，填筑进度安排应遵循“紧前松后”的原则。对于趾板基础坐落在基岩上的混凝土面板堆石坝，基础开挖、处理、混凝土施工需要一段较长时间，在坝基开挖完成的情况下，可考虑在距趾板线不小于30m的下游区，先安排坝体填筑，在坝前趾板混凝土浇筑完成后，再将上游预留区补填齐平。在河床较宽，岸坡有滩地，采用河床分期导流的情况下，也可以考虑沿坝轴线纵向分期，先完成部分岸坡滩地填筑，主河床在断流后再安排施工。总之，在条件许可的情况下，应尽可能创造条件，早安排坝体填筑施工，对削减填筑高峰强度，提高土石方填筑可利用料的直接上坝率、促使坝体尽早完成初期沉降等方面都是有利的。

坝体填筑宜尽可能保持全断面平起填筑，由于坝体挡水度汛、面板分期施工等需设置临时断面时，临时断面的高差不宜大于30m，上游临时断面的顶宽不宜小于30m。

六、混凝土施工

混凝土面板堆石坝的混凝土工程项目主要包括趾板、面板、坝顶防浪墙等结构。

（一）趾板混凝土

趾板混凝土应在坝体上游相邻垫层、过渡层和主堆石区填筑前完成，而坝体上游垫层、过渡料填筑，是坝体临时断面挡水度汛的重要组成部分，一般是控制工期项目。因此。河床段趾板混凝土应在基础开挖、处理完毕后尽快施工，两岸趾板混凝土可与坝体填筑平行安排施工，施工进度规划安排应考虑以下几方面因素。

（1）趾板混凝土的总体施工顺序是由河床向两岸，由低到高逐段进行，两岸趾板应以不影响坝体填筑进度为原则，并兼顾基础灌浆等后续工序的工期要求。

（2）混凝土施工应尽可能避开高温、寒冷季节和雨季，不可避免时应采取相应的保护措施。

（3）混凝土施工应尽可能避开与枢纽建筑物之间的施工干扰，趾板常与岸坡溢洪道、泄洪洞进口相邻，开挖施工的滚石会对趾板施工安全造成较大影响，应统筹协调安排好各建筑物的施工期，采取有效防范措施，保证趾板工期和施工安全。

（4）易风化岩石在趾板开挖完成后应尽快进行混凝土施工，否则应喷薄混凝土防护。

（二）面板混凝土

面板混凝土根据坝高不同、水库拦洪度汛或提前蓄水等因素可分期浇筑，坝高 70m 以下，面板混凝土应一次浇筑完成，高坝超过 100m，可分 2～3 期施工。混凝土面板是面板堆石坝工程防渗体系中最为重要的组成部分，防裂要求高。面板混凝土的裂缝主要包括结构性裂缝和干缩裂缝，其产生的原因，主要取决于堆石体变形和施工环境因素，如堆石体变形过大、温度和干缩引起的裂缝等。因此，面板混凝土的施工时机选择重点应满足混凝土防裂需要。同时，面板混凝土施工工期制约了表面止水、坝前铺盖填筑等后续项目施工，影响了导流度汛、水库蓄水等重要里程碑工期。其施工进度安排主要应考虑以下几方面因素。

（1）面板混凝土施工前，坝体应有 4～6 个月的预沉降时间，坝体的沉降速率应小于 5mm/月，面板混凝土分期施工时，先期施工的面板顶部填筑应有一定的超高。

（2）面板混凝土宜选择合适的季节施工，改善温度收缩应力。我国的南方地区宜选择春季和冬季的非负温时段，避开夏季和秋季高温时段；北方严寒、寒冷地区宜选择春末夏初和秋季的正温季节，避开高温和冰冻期。

（3）面板混凝土施工应满足导流度汛及水库下闸蓄水工期要求。采用枯水期围堰挡水的工程，一期混凝土面板及表面止水、坝前铺盖填筑等均需在枯水期内完成，面板混凝土施工期应兼顾考虑后续项目的工期需要。

（三）坝顶防浪墙混凝土

坝顶防浪墙混凝土在混凝土面板浇筑完成后开始施工，坝顶结构可能对水库蓄水验收有一定影响，其他方面影响不大。

任务七　施工总体布置

【工作任务】

依据招标文件，收集工程相关信息，根据工程总体施工部署和施工进度要求，合理布置与施工相关的生产、管理、生活设施，编制施工现在平面布置图。

【工作目标】

（1）掌握施工总布置的内容和要求。

（2）掌握面板堆石坝施工道路布置形式的选择。

（3）掌握面板堆石坝砂石料生产系统、混凝土生产系统的场地布置要求。

（4）能合理进行面板堆石坝施工布置规划。

（5）能根据现场条件和施工要求，合理进行施工场地布置，绘制施工总平面图。

【任务分组】

<table>
<tr><th colspan="6">学 生 工 作 任 务 书</th></tr>
<tr><td>工作任务</td><td colspan="3"></td><td>建议学时</td><td></td></tr>
<tr><td>班级</td><td></td><td>学员姓名</td><td></td><td>工作日期</td><td></td></tr>
<tr><td>小组任务分工</td><td colspan="5"></td></tr>
<tr><td>提交成果</td><td colspan="5"></td></tr>
</table>

【引导问题】

（1）水利工程施工时需要修建哪些临时设施？

（2）水利工程施工的工厂设施主要有哪些？

（3）水利水电工程施工场地一般分为哪些分区？

（4）施工分区规划应考虑哪些因素？

【工作计划】

根据小组任务分工和收集到的信息资料，确定出面板堆石坝施工总体布置的内容及工作流程。

【进度决策】

分组汇报，教师点评，共同确定针对本工程编制施工总体布置的工作内容和步骤。

【工作实施】

一、场地规划

（一）施工场地选择

混凝土面板堆石坝工程枢纽建筑物布置一般比较集中，大坝枢纽常与取水枢纽、泄洪建筑物相伴紧凑布置。施工以土石方挖填为主，具有土石方开挖弃渣、中转料储存量大，施工机械化程度高等特点，施工布置场地宜选择在坝址下游两岸及料场沿途交通便利的有利地段。场地选择的基本原则如下。

（1）施工场地布置应遵循因地制宜、因时制宜、有利于生产、方便生活、节约用地、经济合理的原则。

（2）渣场和中转储料场宜充分利用山沟地形布置，可分多处布置，弃渣场位置应尽量靠近弃渣区中心且交通便利处，中转储料场应选择储存、回采便利，不易被污染地带。

（3）施工生产场地应优先满足砂石加工、混凝土生产、机械保养等设施布置需要，场地要求交通连接便利，场平工作量少，对生态影响小，并尽量靠近施工区。

（4）合理规划，尽量利用荒地、滩地、山坡地，不占或少占耕地、经济林地；应避开文物古迹，避免损坏古树名木，符合环境保护及水土保持要求。

（5）施工场地应避开滑坡、泥石流等不良地质地段，上、下边坡应稳定，场地高程应满足全年 20 年一遇（即 $P=5\%$）洪水度汛安全要求。

（6）工程附近场地狭窄、施工布置困难时，可适当利用库区场地，但应满足分期导流、蓄水要求。充分利用山坡小台阶式布置，并根据施工阶段要求尽可能重复利用施工场地，短期布置的设施，可利用部分弃渣场地。

（二）施工布置规划

施工布置规划应围绕料场规划、上坝线路的布置为重点进行合理分区规划。规划的主要程序为：料场规划→上坝道路规划布置→工程弃料、堆存料场布置→重要生产辅助企业布置→其他生产辅助设施布置→生活办公设施布置→风、水、电系统布置。

各主要施工布置区域可分为下列几个方面。

（1）工程弃料、中转料堆放区。混凝土面板堆石坝工程在施工过程中将产生较多的工程弃料和中转储备料，堆放区选择的合理性，对工程的建设成本及生态环境等会造成较大影响，场地宜分区就近布置，并做好永久的挡渣、排水设施，场地的容量应满足计划堆存量的 1.5 倍以上。

（2）砂石加工系统。砂石加工系统包括混凝土骨料、大坝垫层料生产、掺配等，需要布置场地较大，宜优先选择布置在料源地附近，靠近上坝运输线路，地形适合，可根据地形采用多台阶布置。

(3) 混凝土生产系统。面板混凝土应具有良好的和易性、抗裂性、耐久性，为减少混凝土运输过程中坍落度损失，系统宜就近布置，由于面板施工期短，针对混凝土面板特点常在坝顶两端附近或坝体临时断面的坝面上增设临时系统生产，其他结构混凝土，选择在靠近混凝土施工区的合适位置，布置相对固定的混凝土生产系统。

(4) 生产辅助企业区。生产辅助企业区包括汽车和施工设备修理保养厂。钢筋加工厂预制厂、施工仓库等，只要场地合适、交通便利都适合布置，其中的危险品仓库，应严格按消防安全要求隔离布置。

(5) 机电、金属结构、大型施工机械的堆存及安装场地。金属结构与设备安装一般都在土建施工高峰期过后进场。因此，场地选择应优先使用十建退场的场地，或建筑物的开挖平台、弃渣场平台等，并尽量靠近安装区的中心。

(6) 生活办公区。应布置在边坡安全，爆破飞石、施工噪声等干扰小，工人上下班往返便利的合适地带，现场没有合适场地，生活区距施工区较远时，可配置场内通勤班车接送。

各施工区域在布置上并非截然分开的，它们在施工、生产工艺及布置上是相互联系的，有时相互穿插，组成一个统一的、调度灵活的、运行方便的整体。在区域规划时，一般根据现场布置条件及生产工艺的相互关联度，将关联紧密的设施尽可能邻近布置。

各类生产及生活设施的布置规模及要求，可根据施工强度计划情况，参见 DL/T 5397—2007《水电工程施工组织设计规范》，或参照同类工程经验类比确定。

(三) 布置方案比选

在完成施工布置规划后，对主要的布置项目应进行方案比选，比选的主要项目及内容包括以下几点。

(1) 料场的运距里程，覆盖层剥离量，料场储量及质量情况，开采条件能否满足施工强度需要。

(2) 主要上坝运输线路的顺畅程度、可靠性及修建线路的技术条件、工程量。

(3) 场地平整的技术条件、工程量及形成时间。

(4) 区域规划的合理性，相互之间的干扰、影响程度，管理是否集中、方便，场地是否有拓展的余地等。

(5) 施工供水、供电条件。

(6) 场地上、下边坡安全情况，防洪标准等。

(7) 场内安全、防火、卫生能否满足要求，对污染环境的各污染源采取的措施是否合理有效。

(8) 方案比选评价应注意的问题。

1) 方案比选应在满足施工进度、质量、安全的条件下进行。

2) 在满足主要项目比较的基础上进行其他项目的比较，力争取得优越的技术经济指标。

3) 各定量对比指标计算方法和采用的综合指标应基本一致，并力求准确。

二、道路布置

混凝土面板堆石坝工程具有土石方挖填工程量大、坝体填筑强度高、施工运输车流量大等特点，道路布置的合理性是影响工程进度、施工安全、运输成本的关键因素之一。

（一）道路布置原则与要求

（1）施工道路应根据地形条件、枢纽布置、料源分布、运输量大小、运输强度、车辆型号等统筹规划布置。

（2）道路布置应尽量与永久道路结合考虑，线路布置应尽可能避开居民点或穿越工作区，运输线路宜自成体系，尽量与地方公路分离。

（3）坝体填筑需要布置多条上坝道路供料时，应尽可能利用坝体分期填筑高差，布置坝内临时道路连接形成运输循环路线。

（4）运输道路的标准应符合运输车辆载重等级和行车速度的要求。实践证明，建设高标准道路的投资，可以从提高工作效率及降低运输车辆损耗中得到补偿。

（5）有夜间施工要求的道路沿线应有良好的照明设施，主干道路照度标准不低于10lx，悬崖陡坡、转弯路段应加强照明。

（6）运输道路应经常维护和保养，及时清除路面掉渣，并经常洒水，防止粉尘飞扬。道路两侧排水顺畅，防止路面积水。

（二）上坝道路布置

上坝道路的布置形式一般有岸坡式、坝后式及混合式三种。线路一般宜从下游侧进入坝内，料源在上游侧，必须从上游侧进料时，应架设跨趾板桥，在进入坝体填筑轮廓线内，可利用两岸坝肩地形、坝内填筑分区灵活设置的斜坡道连接，组成直达坝体各填筑区的运输路线。

岸坡式道路布置适宜用于两岸地形较为平缓，道路易修建的地形。道路宜左右岸交替布置，道路的高程“级差”一般为20～30m。当两岸地形陡峻，沿岸坡修路困难时，可加大上坝道路布置“级差”。在坝下游坡面可布置临时斜坡道路，为延长各层道路的使用时间，在上层道路接通后，采用反向回填方式将下层所留的临时斜坡道路补填封闭。在岸坡陡峻的狭窄河谷内，明线道路布置困难时，可采用交通隧洞通向坝区。

部分工程，坝后坡设有永久“之”字形道路，上坝道路布置应充分利用坝后永久道路，坝外道路与坝后“之”字形道路应在岸坡转弯处相接。

（三）坝内或坝后临时道路设置

坝内或坝后临时道路根据坝体分期施工、两岸上坝道路高程级差需要布置，连接分期填筑的不同高程平台一般采用坝内临时道路。不同高程的两级上坝道路之间，若坝后没有永久道路，一般可采用坝后临时道路连接，坝内或坝后临时道路可最大限度减少坝外上坝道路的数量，创造最短运距，降低施工成本。道路一般在主、次堆石区内可灵活布置，不受限制。上游垫层、过渡区应尽量避免布置道路，确有需要时，道路的宽度应适当加宽，须满足补填施工时垫层区、过渡区、主堆石区分区填筑施工需要，道路宽度一般不小于10m，道路的纵坡一般较陡，多选择10％～12％，局部可达15％。

（四）跨趾板布置

若填筑料源位于坝址上游，运输道路需要跨越趾板，须对趾板、止水设施及垫层进行保护，一般采用架临时钢栈桥跨越。跨趾板桥的位置及高程确定应服从道路总体布置要求，并兼顾架桥的工程量和两端接线道路修建难度。桥梁走向应尽量与趾板“X”线正交，以缩短桥梁的长度。桥梁一般为单跨简支梁，桥面宽受地形及车流量制约，岸坡较陡且车流量较小时，采用单车道居多，岸坡较缓且车流量大时，可考虑双车道。桥墩设计根据基岩情况，可采用混凝土、浆砌石、钢筋石笼等结构型式。

对于河床部位或缓坡地形的岸坡，若趾板槽开挖深度较浅，可采用填渣道路跨越，填渣前应对趾板及止水设施进行有效保护，趾板的预埋止水出露部位底部应采用枕木垫实，面层加盖保护面板，趾板混凝土表面一般可先铺一层土工布，然后铺一层沙热层，再填渣跨越。

（五）场内施工道路规划布置

场内施工道路规划布置的技术指标，可根据年运量、行车密度、车型等确定。

三、砂石加工系统布置

混凝土面板堆石坝中。除面板、趾板等的混凝土骨料需要加工外，坝体的填筑有大量的小区料、垫层料、反滤料需要采用级配碎石料。目前，大多数已建和在建的混凝土面板堆石坝工程，小区料、垫层料、反滤料的加工工艺，基本上是采用砂石加工系统加工的各档碎石料进行机械掺配或电子称量进行掺配，也有少数采用直接机械破碎法生产。

（一）生产规模

砂石加工系统一般按二班制生产，根据施工总进度确定的垫层料、反滤料的填筑强度，根据式（7－1）、式（7－2）计算砂石加工系统的处理能力。

$$Q_h=[Q_{ch}(1-\gamma)k_3k_4+Q_{ch}\gamma k_1k_2]k_5k_6k_7 \tag{7-1}$$

$$Q_{ch}=\frac{Q_0+Q_{mc}Ak_8k_9}{N} \tag{7-2}$$

式中　Q_h——系统小时处理能力，t/h；

Q_{ch}——垫层料、反滤料生产能力，t/h；

Q_{mc}——高峰期垫层料、反滤料的填筑强度，m^3/月；

A——垫层料、反滤料的容重，可按 2.20t/m^3 选取；

Q_0——工程其他砂石料月需用量，t/月；

γ——砂率，可按级配包络线查取；

N——月工作小时数，一般按两班制计算，取 $N=350$h；

k_1——石粉及细砂流失补偿系数；一般 $k_1=1.10\sim1.25$；

k_2、k_4、k_6——生产中运输、堆存中的损耗补偿系数，各取 1.01～1.02；

k_3——加工损耗补偿系数，对人工骨料 $k_3=1.01\sim1.06$；对天然骨料 $k_3=1.03\sim1.15$；

k_5——处理工段损耗补偿系数，无弃料工艺时取 1.01；有超径弃料时，按超径比例选取；

k_7——级配平衡系数，对人工骨料及天然料设有级配调整设施时 $k_7=1.0$，天然骨料无级配调整设施时由级配平衡计算确定；

k_8——掺拌、储存损耗补偿系数，取 $k_8=1.01\sim1.03$；

k_9——运输、填筑损耗补偿系数，取 $k_9=1.01\sim1.03$。

（二）设备选型

砂石加工系统的破碎设备的选择，与原料的物理性质、产能要求等有关。设备的选择除考虑破碎设备对岩石的适应性外，更应考虑设备的投资和运行成本，根据垫层料、反滤料的品质要求。粗碎采用颚式破碎机较多，中细碎以颚式、圆锥式、反击式破碎机为主，制砂则更多地采用立轴式制砂机、反击高效制砂机、锤击式破碎机等设备。

对于二班制作业的粗碎设备，其负荷系数取 0.65～0.75；筛分、中细碎及制砂设备的负荷系数取 0.75～0.95。

（三）堆场容量

砂石骨料储存容量按其用途，结合系统的料源开采、加工、运输能力和地形、气候、河流的水文条件以及垫层料、反滤料的填筑进度等因素确定。采用天然料或主体工程开挖料作为原料时，以储存原料为主；采用料场采挖料作为原料时，以储存半成品和成品料为主。砂石的总储备量，应满足高峰时段填筑的需要，可按高峰期月平均用量的 50%～80%确定。

一般利用天然料加工系统需设置毛料场，采用料场开采的石料作为原料时可不设毛料堆场；小区料、垫层料、反滤料加工系统的半成品料堆具有高峰调节作用，其容积宜按高峰时段的 3～5d 的砂石容量确定；小区料、垫层料、反滤料的成品料堆，一般按 5～7d 的生产量堆存。

采用平铺立采法工艺生产成品垫层料时，需要布置一个掺配场。在掺配场掺配时，一般摊铺厚度控制在 3m 左右，因此需要的掺配场地及成品料堆场面积一般较大。

（四）系统布置

砂石加工系统的布置，应充分利用有利地形，缩短工艺流程路线，简化运输过程，并尽可能做到依靠重力自溜下料；把安装有重型和强烈振动设备的建筑物（如破碎、筛分车间）布置在地质条件良好的地段。采用平铺立采法进行垫层料或反滤料生产时，采用自卸车运输向掺配场供料，掺配场地布置结合施工总布置，可与垫层料加工系统设在一起，也可布置在大坝附近。

（五）砂石加工系统布置注意事项

（1）多料场供料的天然砂砾石料筛分生产，一般应尽量在主料场附近集中设厂。

（2）采用人工轧制碎石料的加工系统，应在大坝与采石场之间的合适位置布置加工厂。

（3）砂石加工系统应尽量靠近运输干线，并便于供水和供电。

（4）砂石加工厂是个多尘、高噪声源的工厂，加工厂的位置应尽可能远离职工居民生活区。

（5）厂址应具备为建厂所需要的地基条件，厂区地面应高于 20 年一遇的洪水位。

四、混凝土生产系统布置

混凝土面板堆石坝工程的混凝土浇筑，主要包括趾板混凝土和面板混凝土等。趾板混凝土和面板混凝土工程量较小，施工强度不大，混凝土生产系统的布置可结合枢纽工程统一规划，也可根据具体情况分散布置搅拌站。

（一）趾板混凝土生产系统

趾板为小体积混凝土结构，止水材料埋设要求高，空间分布为条带状，上下部位落差大，一般浇筑跨越时段比较长。趾板混凝土生产系统布置应结合枢纽工程统一规划，合理利用资源，方便施工。混凝土生产系统布置方式应因地制宜尽量采用集中拌和楼，若趾板与集中拌和楼较远，也可在趾板附近单独布置搅拌站。

（二）面板混凝土生产系统设计和布置

面板混凝土浇筑强度按式（7-3）计算：

$$P=\frac{kQ_{max}}{nm} \tag{7-3}$$

式中　P——小时浇筑强度，m^3/h；

Q_{max}——施工总进度确定的混凝土浇筑高峰月强度，m^3/月；

n——高峰月期间每日工作小时数，可取20h；

m——高峰月内每月工作天数，可取25d；

k——浇筑强度的日不均匀系数，即高峰月内最高小时强度与月平均每小时强度之比，可取1.3～1.5。

面板混凝土可采用拌和楼或搅拌站生产，考虑到避免长距离运输带来的骨料分离、坍落度损失、砂浆流失，为有效控制混凝土质量，可采用在坝面布置混凝土生产系统，即在已形成的坝面上布置搅拌机、配料机和相关设备，形成安拆方便的搅拌站。

为保证面板混凝土的含气量，坝面混凝土生产系统宜采用自落式搅拌机，并适当延长拌和时间。面板混凝土生产系统，一般可布置在坝面中间或两端。

布置在坝面上的面板混凝土生产系统布置应注意以下几点。

（1）面积适度。因搅拌站占地较大，需腾出足够面积供拌和系统布置，若面板采用分期施工，则坝面上游应预留足够的宽度，在坝体填筑结束后的坝顶布置拌和系统可沿坝长条形布置。

（2）运距应短。对于长度500m以上的面板坝，拌和系统宜布置在坝顶中央，从而缩短运距，以防混凝土运输时间过长或耗时过久而造成分离、灰浆流失、泌水和有害的温度变化。

（3）交通通畅。当坝顶宽度小于10m时，拌和机出料口距面板距离应不小于6m，确保坝顶交通安全、畅通。

对于部分大中型工程，采用坝外固定式拌和楼（系统）供料、混凝土搅拌车运输，有利于保证施工质量，集中拌和系统由施工总布置统一规划。

【评价反馈】

组内、组间学生相互检查评价，教师检查评价。主要检查内容包括：所完成任务内容完整性、条理清晰性、计算准确性、专业术语用词准确性、书写工整情况等。

【相关知识点】

一、施工总布置编制所需资料

（1）当地国民经济现状及其发展前景。

（2）可为工程施工服务的建筑、加工制造、修配、运输等企业的规模，生产能力及其发展规划。

（3）现有公路、铁路、水运、航空运输条件和通过能力，及其近远期发展规划。

（4）水、电以及其他动力供应条件。

（5）邻近城、镇现状和近期发展规划。

（6）当地建筑材料及生活物资供应情况。

（7）工程区土地利用状况、有关规划和征地有关问题。

（8）工程区有无自然生态系统需要重点保护的珍稀、濒危野生动植物以及自然与人文遗迹；地方环境保护、水土保持部门对工程建设提出的有关要求。

（9）工程所在地区行政区划图，施工现场 1/2000～1/5000 地形图。

（10）工程区内的工程地质与水文地质资料。

（11）河流水文资料，当地气象资料。

（12）规划、设计各专业设计成果或中间资料。

（13）当地及各有关部门对工程施工的要求。

（14）主要工程项目定额、指标、单价、运杂费率等。

二、施工总体布置工作步骤

（一）资料分析

分析原始资料，包括拟建工程地区的地形、地质、水文、气象、当地材料、交通运输等外部条件，以及工地临时给水、动力等施工条件。

（二）确定布置情况

根据所得到的资料信息，确定施工场地和道路、堆场、附属企业、仓库以及其他临时建筑物可能的布置情况。

（三）确定自然条件影响需采取的措施

考虑自然条件对施工可能带来的影响和必须采取的技术措施，同时确定各工种每月可以施工的有效工日和冬、夏期及雨期施工技术措施的各项参数。

（四）确定运输条件

根据所需建材情况，确定各种主要建材的供应方式和运输方式。同时确定可供应的施工机具设备的数量与性能，临时给水和动力供应设施的条件等。

（五）确定导流方案及编制进度计划

根据工程规模和等级，以及对工程所在地区的地形、地质、水文等条件的分析研究，初步拟定施工导流方案。

研究主体工程施工方案，确定施工顺序，初步编制整个工程的进度计划。初步确定了工程总的进度计划以后，对主要工程的施工方案作出详细的规划计算，进行施工方案的优化，最后确定选用的施工方案及有关的技术经济指标，平衡调整修正进度计划。

（六）确定施工总平面布置

根据修正后的进度计划，确定各种材料、物件、劳动力及机具的需求量，编制技术与生活供应计划，确定仓库和附属企业的数量、规模及工地临时房屋需要量，工地临时供水、供电、供风设施的规模与布置。

确定施工现场的总平面布置后，绘制施工总平面布置图。

三、施工总体布置注意要点

（1）施工临时设施与水利水电枢纽工程永久性设施，应相互结合，统一规划。

（2）确定施工临建设施项目及其规模时，应研究利用已有的当地企业（或附近地区和其他专业部门经营的设施）为水利水电工程施工服务的可能性与合理性。

（3）建设工程所在地区，如果有国家批准的城镇建设规划，施工总布置设计在满足工程施工需要和不增加（或增加很少）工程投资的前提下，尽可能结合城镇建设进行布置。

（4）主要施工设施和主要施工工厂和防洪标准应根据工程规模、工期长短、水文特性和损失大小，采用防御 5～20 年一遇的洪水，高于或低于上述标准要进行论证。

（5）施工场内交通规划，必须满足工程施工需要，适应施工程序、工艺流程；全面协调单项工程、施工企业、地区间交通运输的连接与配合；力求使交通联系简便，运输组织合理，节省工程投资，减少管理运营费用。

（6）施工总布置设计，应紧凑合理，节约用地，并尽量利用荒地、滩地、坡地、不占或少占良田。

（7）统筹规划堆、弃渣场地，必须做好土石方量平衡设计，在不影响防洪情况下，尽量利用山沟、荒地、河滩堆渣，并做必要的疏导、排水工程。做好水土保持方案，如有条件，可适当考虑利用弃渣改土造田或做他用。

（8）施工总布置设计除应遵循本部门各有关专业规程规范外，还应参照执行各有关专业部门颁布的规程、规范和规定。

（9）凡属下列特殊类别地区，不经论证，不得布置施工设施：

1）严重不良地质区域或滑坡体危害地区。

2）受泥石流或雪崩危害地区。

3）国家或地方政府保护的文物区、古迹、名胜区或自然保护区。

4）与重要资源开发有干扰的地区。

5）空气、水质、噪声等环境污染较严重地区。

6）受爆破或其他因素影响严重的地区。

四、砂石料生产系统布置案例

溧阳抽水蓄能电站垫层料加工系统主要生产垫层料、反滤料和级配砂。系统采用粗碎、中细碎和超细碎三段破碎，垫层料采用中碎后的半成品料与垫层砂掺拌而成；第一层反滤料采用 5～20mm 料和反滤料砂掺拌拌制；第二层反滤料采用 5～80mm 料与 5～20mm 料拌制。系统处理能力 400t/h，生产能力 320t/h。系统分三个台阶，碎石原料卸料布置在高程 140.00m，粗碎及中细碎车间布置在高程 132.00m，其他车间、料堆等布置在高程 120.00m。粗碎配置 2 台 PE870×1060 颚式破碎机，中细碎配置 2 台 CH1600 重锤反击式破碎机，超细碎车配置 2 台 PCX1818 反击高效制砂机。设置 5d 用量的成品料堆场，其系统布置如图 7-1 所示。

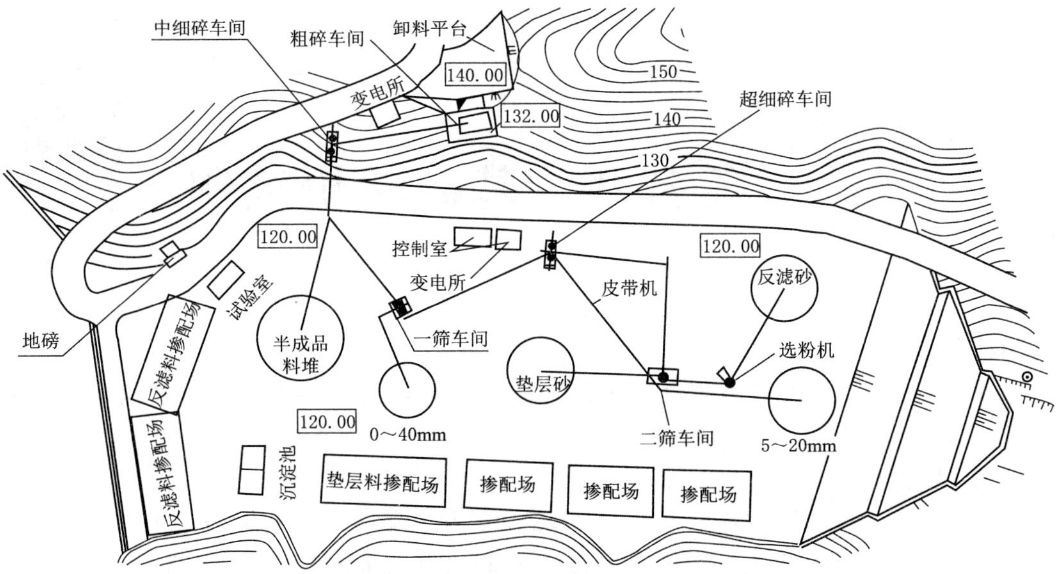

图 7-1　溧阳抽水蓄能电站垫层料加工系统布置图（单位：m）

五、混凝土生产系统坝面布置案例

滩坑水电站大坝一期面板混凝土生产系统，布置在高程 123.00m 的坝面中间，采用 $1m^3$ 工程车向两侧面板供料。该系统高峰生产强度 $12000m^3$/月，系统配置 2 台 $0.75m^3$ 自落式搅拌机、2 台 PL1200 配料机、设置 1d 骨料容量的成品堆场及胶凝材料仓库。其系统布置如图 7-2 所示。

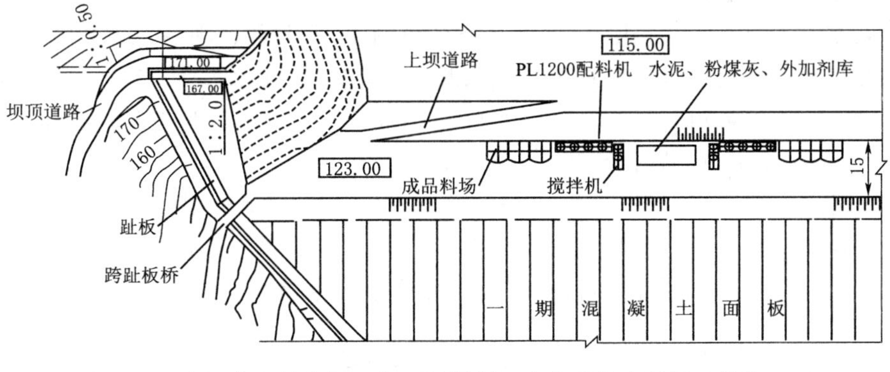

图 7-2　滩坑水电站大坝一期面板混凝土生产系统布置图（单位：m）

任务八 基础单价编制

【工作任务】

认真阅读招标文件中工程概况及相关工程条件资料，根据招标文件要求编制青山水库的投标文件。

（一）工程背景

本招标项目Y县QS水库工程已由Q市发展和改革委员会以渝发改农【××××】××××号、Q市发展和改革委员会和Q市水利局以渝水许【××××】×××号文批准建设，建设资金来自项目法人自筹，争取中央和市级补助等多渠道筹措，项目法人为Y县三圆水利工程有限责任公司。招标人为Y县三圆水利工程有限责任公司，招标代理机构为Q市弘禹水利咨询有限公司。项目已具备招标条件，现对该项目的大坝枢纽工程的施工进行公开招标。

（二）项目概况与招标范围

QS水库工程位于Q市Y县D乡，距Y县城约54km，坝址位于长江北岸一级支流汤溪河左岸支流小溪沟麻树河和董铺溪汇合口下游约1km的桂花淌处，是一座以农业灌溉和场镇、农村供水为主，兼有发电等综合效益的中型水利工程。坝址以上控制集水面积43.90km^2，水库总库容1084万m^3。本工程由水库枢纽工程、坝后跌水电站和渠系工程组成。大坝为钢筋混凝土面板堆石坝，最大坝高63.0m，死水位为714.0m，正常蓄水位746.00m，设计洪水位746.00m，校核洪水位747.55m。溢洪道为有闸控制泄流，闸门尺寸3孔5m×8m（$b\times h$），堰顶高程738.00m。

招标范围为大坝枢纽工程，包括挡水建筑工程、泄洪工程、取水塔工程、放空工程、库区煤窑封堵及上坝公路工程等（具体内容以工程量清单和招标设计图为准），工程投资约7500万元。工程量清单中的项目按单位工程分组，见表8-1。

表8-1　　工程量清单的项目分组表

组号	分组名称	组号	分组名称
1	一般项目（总价承包）	4	右岸溢洪道工程（单价承包）
2	施工导流和水流控制（总价承包）	5	取水塔工程（单价承包）
3	大坝工程（单价承包）	6	库区煤窑封堵及上坝公路工程（单价承包）

要求根据招标文件要求编制青山水库的投标文件。

【工作目标】

（1）掌握水利工程各项工程费率的确定。

（2）掌握以下基础单价的编制。

1）人工费单价。

2）主要材料预算价格（如水泥、钢筋等）。

3）混凝土材料单价。

4）施工机械台时费。

【任务分组】

学生工作任务书					
工作任务				建议学时	
班级		学员姓名		工作日期	
小组任务分工					
提交成果					

【引导问题】

（1）各项工程费率如何确定？

（2）如何编制人工、机械等预算价格？

【工作计划】

教师带领学生回顾水利工程基础单价编制的有关知识，采取分组讨论的形式，让学生完成某工程的工程费率的确定，人工、材料、机械等材料预算价格的编制。

【进度决策】

由教师带领学生对工程项目背景进行分析，为任务实施做好准备。

【工作实施】

根据工程实际情况，参考相关教材，按照步骤完成基础单价编制。

【评价反馈】

组内、组间学生相互检查评价，教师检查评价。主要检查内容包括：所完成任务内容完整性、条理清晰性、计算准确性、专业术语用词准确性、书写工整情况等。

【相关知识点】

一、确定各项费用标准

其他直接费、间接费、利润、税金等的取费标准，根据工程所在地区查《水利工程设计概（估）算编制规定》（2014）和《水利工程营业税改征增值税计价依据调整办法》（办水总〔2016〕132号）。

（一）确定其他直接费

其他直接费包括冬雨季施工增加费、夜间施工增加费、特殊地区施工增加费、临时设施费、安全生产措施费和其他。

1. 冬雨季施工增加费

《编规》规定冬雨季施工增加费应根据不同地区，按基本直接费的百分率计算。西南区、中南区、华东区中，按规定不计冬季施工增加费的地区取小值，计算冬季施工增加费的地区取大值，Q市属于西南地区，按规定不计冬季施工增加费。

西南区、中南区、华东区：　0.5%～1.0%；

华北区：　1.0%～2.0%；

西北区、东北区：　2.0%～4.0%；

西藏自治区：　2.0%～4.0%。

2. 夜间施工增加费

《编规》规定夜间施工增加费应根据不同工程类别，按基本直接费的百分率计算。QS水库项目属于枢纽工程。

（1）枢纽工程：建筑工程0.5%，安装工程0.7%。

（2）引水工程：建筑工程0.3%，安装工程0.6%。

（3）河道工程：建筑工程0.3%，安装工程0.5%。

3. 特殊地区施工增加费

特殊地区施工增加费指在高海拔、原始森林、沙漠等特殊地区施工而增加的费用。地方没有规定的不得计算此项费用，因此Q地区部计算此项费用。

4. 临时设施费

《编规》规定临时设施费应根据不同工程类别，按基本直接费的百分率计算。

（1）枢纽工程：建筑及安装工程3.0%。

（2）引水工程：建筑及安装工程1.8%～2.8%。若工程自采加工人工砂石料，费率取上限；若工程自采加工天然砂石料，费率取中值；若工程采用外购砂石料，费率取下限。

（3）河道工程：建筑及安装工程1.5%～1.7%。灌溉田间工程取下限，其他工程取中上限。

5. 安全生产措施费

《编规》规定安全生产措施费应根据不同工程类别，按基本直接费的百分率计算。

（1）枢纽工程：建筑及安装工程2.0%。

（2）引水工程：建筑及安装工程1.4%～1.8%。一般取下限标准，隧洞、渡槽等大型建筑物较多的引水工程、施工条件复杂的引水工程取上限标准。

（3）河道工程：建筑及安装工程12%。

6. 其他

包括施工工具用具使用费，检验试验费，工程定位复测及施工控制网测设、工程点交、竣工场地清理、工程项目及设备仪表移交生产前的维护费，工程验收检测费等。《编规》规定其他费应根据不同工程类别，按基本直接费的百分率计算：

（1）枢纽工程：建筑工程1.0%，安装工程1.5%；

（2）引水工程：建筑工程0.6%，安装工程1.1%；

（3）河道工程：建筑工程0.5%，安装工程1.0%。

（二）间接费

间接费指施工企业为建筑安装工程施工而进行组织与经营管理所发生的各项费用。《编规》规定，根据工程性质不同，间接费标准划分为枢纽工程、引水工程、河道工程三部分标准，详见表8-2。

表8-2　　间接费费率表

序号	工程类别	计算基础	间接费费率/%		
			枢纽工程	引水工程	河道工程
一	建筑工程				
1	土方工程	直接费	8.5	5～6	5～6
2	石方工程	直接费	12.5	10.5～11.5	5～6
3	砂石备料工程（自采）	直接费	5	5	5
4	模板工程	直接费	9.5	7～8.5	5～6
5	混凝土浇筑工程	直接费	9.5	8.5～9.5	5～6
6	钢筋制安工程	直接费	5.5	5	5
7	钻孔灌浆工程	直接费	10.5	9.5～10.5	9.25
8	锚固工程	直接费	10.5	9.5～10.5	9.25
9	疏浚工程	直接费	7.25	7.25	6.25～7.25
10	掘进机施工隧洞工程（1）	直接费	4	4	4
11	掘进机施工隧洞工程（2）	直接费	6.25	6.25	6.25
12	其他工程	直接费	10.5	8.5～9.5	7.25
二	机电、金属结构设备安装工程	人工费	75	70	70

引水工程：一般取下限标准，隧洞、渡槽等大型建筑物较多的引水工程、施工条件复杂的引水工程取上限标准。

河道工程：灌溉田间工程取下限，其他工程取上限。

（三）利润

利润指按规定应计入建筑安装工程费用中的利润。利润不分建筑工程和安装工程，均按直接费与间接费之和的7%计算。

（四）税金

营业税改征增值税后，税金指应计入建筑及安装工程费用的增值税销项税额，税率为9%。

二、编制基础单价

（一）编制人工预算单价

水利工程按工程性质划分为枢纽工程、引水工程和河道工程，根据《水利工程设计概（估）算编制规定（工程部分）》（水总〔2014〕429 号），不同工程性质的人工预算单价计算标准见表 8-3。

表 8-3　　　　人工预算单价计算标准　　　　单位：元/工时

类别与等级	一般地区	一类区	二类区	三类区	四类区	五类区（西藏二类区）	六类区（西藏三类区）	西藏四类区
枢纽工程								
工长	11.55	11.80	11.98	12.26	12.76	13.61	14.63	15.40
高级工	10.67	10.92	11.09	11.38	11.88	12.73	13.74	14.51
中级工	8.90	9.15	9.33	9.62	10.12	10.96	11.98	12.75
初级工	6.13	6.38	6.55	6.84	7.34	8.19	9.21	9.98
引水工程								
工长	9.27	9.47	9.61	9.84	10.24	10.92	11.73	12.11
高级工	8.57	8.77	8.91	9.14	9.54	10.21	11.03	11.40
中级工	6.62	6.82	6.96	7.19	7.59	8.26	9.08	9.45
初级工	4.64	4.84	4.98	5.21	5.61	6.29	7.10	7.47
河道工程								
工长	8.02	8.19	8.31	8.52	8.86	9.46	10.17	10.49
高级工	7.40	7.57	7.70	7.90	8.25	8.84	9.55	9.88
中级工	6.16	6.33	6.46	6.66	7.01	7.60	8.31	8.63
初级工	4.26	4.43	4.55	4.76	5.10	5.70	6.41	6.73

计算：编制 Q 市 Y 县青山水库工程的人工预算单价。

（二）材料预算价格

材料预算价格一般包括材料原价、运杂费、运输保险费、采购及保管费 4 项，个别材料若规定另计包装费的另行计算。根据《水利工程营业税改征增值税计价依据调整办法》（办水总〔2016〕132 号），材料原价、运杂费、运输保险费和采购及保管费等分别按不含增值税进项税额的价格计算。

1. 主要材料预算价格

材料预算价格＝(材料原价＋包装费＋运杂费)×(1＋采购及保管费率)＋运输保险费

材料采购及保管费＝(材料原价＋包装费＋运杂费)×采购及保管费率

根据《水利工程营业税改征增值税计价依据调整办法》（办水总〔2016〕132 号），采购及保管费费率见表 8-4。

表 8-4　　**采购及保管费费率表**

序号	材　料　名　称	费率/%	序号	材料名称	费率/%
1	水泥，碎（砾）石，砂	3.3	3	油料	2.2
2	钢材	2.2	4	其他材料	2.75

材料运输保险费是指材料在运输途中的保险费。一般按工程所在省、自治区、直辖市或中国人民保险公司的有关规定计算。材料运输保险费计算公式为

运输保险费＝材料原价×材料运输保险费率

2. 编制本工程项目水泥、钢筋预算价格

（1）编制该工程项目 P.O 42.5 水泥预算价格。

火车 420km　　汽车 65km　　13km

水泥厂——→中转站——◎——→工地分仓库

国道　　山区支线

已知水泥出厂价：355.00 元/t（含税价）。

铁路运输：①全部为整车，发到基价：8.50 元/t，运行基价 0.0871 元/(t·km)；②袋装水泥公路运输：国道 0.65 元/(t·km)，山区支线 0.75 元/(t·km)；③散装水泥公路运费在袋装水泥的基础上上浮 30%。

杂费：①铁路：调车费 1.50 元/t，罐车使用费 1.90 元/t，装罐车费 3.00 元/t，卸罐车费 2.00 元/t，中转站运行及摊销费 10.00 元/t；②公路：卸车费 1.00 元/t，上罐费 2.00 元/t。

运输保险费率 5‰。

（2）该工程项目所用钢筋由一大型钢厂供应，火车整车运输。普通 A3 光面钢筋占 35%，低合金 20MnSi 螺纹钢占 65%。按下列已知条件（表 8-5），计算钢筋预算价格，写出计算过程。

表 8-5　　**各种钢筋预算价格表**

名称及规格	单位	出厂价/元	名称及规格	单位	出厂价/元
A3φ10mm 以下	t	4250	20MnSiφ25mm 以外	t	4350
A3φ16～18mm	t	4150	20MnSiφ20～25mm	t	4400

运输方式及距离，如图 8-1 所示。

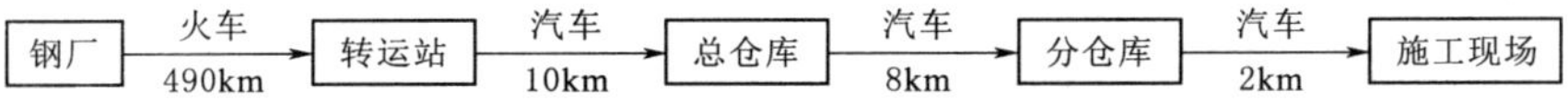

图 8-1　运输方式及距离图

铁路。运价率：整车发到基价为 7.6 元/t；整车运行基价为 0.0348 元/(t·km)；铁路建设基金 0.025 元/(t·km)；上站费 1.8 元/t；其他：装载系数 0.9，整车卸车费 1.15 元/t。

公路。汽车运价 0.55 元/(t·km)；转运站费用 4 元/t；汽车装车费 2 元/t，卸车费

1.6 元/t。

运输保险费率为 5‰，毛重系数为 1。

（三）编制机械台班（时）费

根据《水利工程营业税改征增值税计价依据调整办法》（办水总〔2016〕132 号），施工机械使用费按调整后的施工机械台时费定额和不含增值税进项税额的基础价格计算。施工机械台时费定额的折旧费除以调整系数 1.15，修理及替换设备费除以调整系数 1.11，安装拆卸费不变。掘进机及其他由建设单位采购、设备费单独列项的施工机械，台时费中不计折旧费，设备费除以调整系数 1.17。

(1) 施工机械台时费的组成。

水利工程施工机械台时费由一类费用和二类费用组成。

(2) 施工机械台时费计算。

一类费用＝定额金额×编制年调整系数

二类费用＝定额机上人工工时×人工预算单价＋∑(动力燃料额定消耗量×预算价格)

现行台时费定额规定机上人工预算单价分别按枢纽工程、引水工程和河道工程的中级工计算。

(3) 编制表 8-6 计日施工机械台时费。汽油预算单价为 6.175 元/kg，柴油预算单价为 5.99 元/kg。

表 8-6　　计日施工机械台时费

编号	施工机械名称及型号规格	单价/(元/台时)	编号	施工机械名称及型号规格	单价/(元/台时)
1	单斗挖掘机液压 1.6m^3		6	混凝土喷射机 4～5m^3/h	
2	风钻手持式		7	载重汽车 10t	
3	风钻气腿式		8	汽车起重机 10t	
4	灌浆泵中低压泥浆		9	电焊机交流 25kVA	
5	混凝土搅拌机 0.4m^3				

（四）混凝土材料单价的编制

(1) 选定水泥品种与强度等级。

(2) 确定混凝土强度等级和级配。

混凝土强度等级和级配应根据水工建筑物各结构部位的运用条件、设计要求和施工条件确定，以工程量标注的为准。

(3) 确定混凝土材料配合比。

混凝土材料中各项组成材料的用量，应按设计强度等级，根据试验确定的混凝土配合比计算，如无试验资料，可参照概算定额附录中的混凝土材料配合比查用。

(4) 计算混凝土材料单价。

混凝土材料单价＝∑(某材料用量×某材料预算价格)

在混凝土组成材料中，若水泥、外购骨料的预算价格超过基价时，应按水泥 300 元/t、砂石料 70 元/m^3 的基价计算，超出部分以材料补差形式列入到工程单价表中并计取税金。

当采用商品混凝土时，其材料单价应按基价 200 元/m^3 计入工程单价参加取费，预算价格与基价的差额以材料补差形式进行计算，材料补差列入到单价表中并计取税金。

（5）编制混凝土面板中 C25 混凝土的预算单价。

C25 混凝土，二级配，已知混凝土各组成材料的预算价格为：P. O 32.5 普通硅酸盐水泥 420 元/t，中砂 95 元/m^3，碎石 70 元/m^3，水 0.90 元/m^3，块石 90 元/m^3，外加剂 6.0 元/kg。计算混凝土的材料预算单价。

（五）基价、限价及调差价

为了避免材料市场价格起伏变化，造成间接费、利润的相应变化，有些主管部门对主要材料规定了统一的价格，按此价格进入工程单价计取有关费用，故称为取费价格。这种价格由主管部门发布，在一定时期内固定不变，故又称为基价。

只规定上限的基价，称为规定价或限价。

相对于基价、限价而言，按实际市场价计算出的材料预算价与基价之差称为材料调差价。在计算工程单价时，凡遇到主要材料预算价格超过规定基价时，应按基价计入工程单价参与取费，预算价格与基价的差值以材料补差的形式计算，材料补差列入单价表中并计取税金。

注意计算施工用电、风、水价格时，按预算价参与计算。

任务九　建筑工程单价编制

【工作任务】

根据施工方案，分析编制工程单价，编制投标总报价。

【工作目标】

（1）掌握水利工程建筑安装工程单价编制方法。

（2）能够编制投标总报价。

【任务分组】

学生工作任务书					
工作任务				建议学时	
班级		学员姓名		工作日期	
小组任务分工					
提交成果					

【引导问题】

如何根据施工方案编制工程单价。

【工作计划】

首先回顾水利工程建筑安装工程单价表编制的内容、步骤及注意事项，然后进行分组和发布相关任务，采用探究型学习、自主性学习、小组合作学习等方法，在实践学习过程中，加强培养团结合作、科学严谨的态度，法律意识和合同意识。

【进度决策】

由教师带领学生对工程项目背景进行分析，按要求完成项目工作任务。

【工作实施】

根据招标文件的要求，参考相关书籍资料和实际工程投标文件编制的实例，按照步骤进行投标文件的编制。

【评价反馈】

组内、组间学生相互检查评价，教师检查评价。主要检查内容包括：所完成任务内容完整性、条理清晰性、计算准确性、专业术语用词准确性、书写工整情况等。

【相关知识点】

一、工程量清单

工程量清单中的项目按单位工程分组（表 8－1），其中 QS 水库大坝工程的工程量清单见表 9－1。

表 9－1　　　　**工 程 量 清 单**　　　　项目名称：大坝工程（单价承包）

项目编号	项 目 名 称	单位	工程量	单价/元	合价/元	备　注
3－1	土方开挖	m^3	67400			含边坡开挖工程量
3－2	石方开挖	m^3	37700			含边坡开挖工程量、光面或预裂爆破
3－3	人工清基（石方）	m^3	1500			
3－4	喷 C20 混凝土封闭基面厚 5cm	m^3	130			
3－5	垫层料	m^3	17510			
3－6	过渡层料	m^3	23990			
3－7	主堆石区	m^3	183480			
3－8	次堆石区（料场开挖）	m^3	63160			
3－9	次堆石区（溢洪道开挖利用料）	m^3	51000			
3－10	土铺盖	m^3	5600			
3－11	石渣盖重	m^3	11400			
3－12	特殊垫层料	m^3	3710			
3－13	下游干砌块石护坡	m^3	4470			
3－14	排水棱体	m^3	4220			
3－15	C25 混凝土面板	m^3	3654			二级配
3－16	C25 混凝土趾板	m^3	973			二级配
3－17	C25 混凝土防浪墙	m^3	354			二级配
3－18	面板钢筋制安	t	298			
3－19	趾板钢筋制安	t	96			
3－20	防浪墙钢筋制安	t	35			
3－21	C30 混凝土坝顶路面	m^2	880			200mm 厚，二级配
3－22	碎石垫层	m^2	880			300mm 厚
3－23	趾板锚筋 ϕ25，$L=5$m	根	510			
3－24	M7.5 浆砌块石	m^3	140			排水沟
3－25	混凝土挤压边墙	m^3	2215			
3－26	C15 混凝土预制梯步	m^3	20			梯步，二级配
3－27	C15 混凝土砌块石	m^3	153			梯步，混凝土含量不小于 35%

续表

项目编号	项目名称	单位	工程量	单价/元	合价/元	备注
3-28	碎石垫层	m^3	106			梯步
3-29	周边缝两道止水	m	320			底部止水铜片，顶部柔性填料
3-30	张拉垂直缝两道止水	m	470			底部止水铜片，顶部柔性填料
3-31	挤压垂直缝两道止水	m	550			底部止水铜片，顶部柔性填料
3-32	防浪墙底缝两道止水	m	142			底部止水铜片，顶部柔性填料
3-33	防浪墙墙体缝	m	70			铜片止水
3-34	趾板伸缩缝两道止水	m	110			中部橡胶止水，顶部柔性填料
3-35	C15 混凝土灯座及电缆沟	m^3	143			二级配
3-36	坝顶上游钢制灯柱	根	15			高度 6m，300W 高压钠灯
3-37	C20 混凝土电缆沟预制盖板	m^3	10			二级配
3-38	C15 埋石混凝土截流墙	m^3	350			埋石率 20%
3-39	ϕ500 混凝土预制排水管	m	20			
3-40	坝顶青石栏杆（下游侧）	m	150			
3-41	固结灌浆	m	1815			
3-42	帷幕灌浆	m	11374			
3-43	帷幕基岩钻孔	m	14938			
3-44	检查孔进尺	m	1137			
3-45	压水试验段	试段	228			
3-46	C20 喷混凝土	m^3	4600			100mm 厚
3-47	锚杆 ϕ25，$L=5$m	根	840			
3-48	锚杆 ϕ22，$L=3.5$m	根	200			
3-49	ϕ50 排水花管	m	620			
3-50	ϕ6.5 挂网钢筋	t	30			
3-51	C15 混凝土边坡截水沟	m^3	150			二级配
3-52	钢筋制安	t	4			
3-53	C20 混凝土压顶	m^3	50			二级配
3-54	C15 埋石混凝土挡土墙（上游侧）	m^3	370			埋石率 20%
3-55	C15 埋石混凝土挡土墙（下游侧）	m^3	630			埋石率 20%
3-56	反压排水系统（含封堵）	项	1			
3-57	喷乳化沥青	m^3	30			挤压边墙表面
3-58	M7.5 浆砌块石补坡	m^3	100			可能存在的大坝两岸陡坎、反坡等部位
3-59	沥青杉木板	m^3	2			
合计		元				

投标人：　　（盖单位章）

法定代表人（或委托代理人）：　　（签名）

年　月　日

已知部分材料市场价格，见表 9－2，其他材料由承包商自行联系购买。

表 9－2　　**材　料　价　格**

序号	项 目 名 称	单位	单价/元	序号	项 目 名 称	单位	单价/元
1	碎（卵）石	m^3	70.00	37	金刚石钻头	个	180.00
2	砂	m^3	60.00	38	扩孔器	kg	40.00
3	块石	m^3	70.00	39	骨料系统		83.72
4	沥青	t	3800.00	40	水泥系统		33.68
5	矿粉	t	95.00	41	低发泡沫塑料板	m^2	40.00
6	锯材	m^3	2150.00	42	沥青砂浆	m^3	2000.00
7	高级工	工时	4.84	43	橡胶止水带	m	65.00
8	钢模板	kg	5.00	44	工程胶	kg	16.00
9	铁件	kg	5.50	45	土工布	m^2	8.00
10	电焊条	kg	6.00	46	pvc 管	m	7.00
11	水	m^3	1.10	47	喷射管	m	20.00
12	电	kW·h	1.22	48	高压胶管	m	15.00
13	风	m^3	0.30	49	编织袋	m^3	0.80
14	组合钢模板	kg	6.00	50	橡胶止水圈	个	48.00
15	型钢	kg	3.85	51	润滑油	kg	32.00
16	卡扣件	kg	5.00	52	搪瓷水尺	个	2.00
17	预制混凝土柱	m^3	350.00	53	煤油	kg	0.30
18	合金钻头	个	80.00	54	炸药	t	6500.00
19	合金片	kg	260.00	55	雷管	个	1.80
20	岩芯管	m	140.00	56	导火线	m	1.50
21	钻杆	m	120.00	57	导电线	m	0.20
22	钻杆接头	个	50.00	58	胶管	m	7.00
23	镀锌钢管 $\phi 70$	m	40.00	59	碱粉	kg	2.00
24	砾石	m^3	60.00	60	钢板	kg	6.50
25	土工膜	m^2	14.00	61	膨化混凝土	m^3	300.00
26	沥青	kg	4.22	62	氧气	m^3	4.00
27	钢筋	t		63	乙炔气	m^3	7.00
28	铁丝	kg	5.00	64	油漆	kg	8.50
29	油毛毡	m^2	2.50	65	面纱头	kg	10.00
30	木柴	t	1200.00	66	空心钢	kg	3.60
31	黏土	t	20.00	67	生石灰	m^3	210.00
32	柴油	t	5990	68	汽油	t	6175
33	破布	kg	4	69	垫铁	kg	4.15
34	机油	kg	3	70	木材	m^3	1200
35	黄油	kg	12	71	绝缘线	m	10
36	草皮	m^2	50	72	水泥	kg	

二、分析工程单价

根据青山水库混凝土面板堆石坝的施工方案，查相应定额编制工程项目单价表。投标人按表 9－3 格式编制工程量清单中主要项目的单价分析表，每种单价一份，项目编号和名称应与工程量清单一致。

表 9－3 **工程单价分析表**

项目编号：________________

项目名称：________________

工作内容：________________

单　　价：________________

编　号	名称及规格	单位	数量	单价/元	合价/元	备　注
1	直接费					
1.1	基本直接费					
1.1.1	人工费					
(1)	工长					
(2)	高级工					
(3)	中级工					
(4)	初级工					
1.1.2	材料费					
(1)						
(2)						
⋮						
1.1.3	机械使用费					
(1)						
(2)						
⋮						
1.1.4	其他费用					
1.2	其他直接费					
2	间接费					
3	利润					
4	材料补差					
5	税金					
	合计					

投标人：　　　（盖章）

法定代表人（或委托代理人）：　　　（签名）

年　　月　　日

（一）土方工程

土方开挖由“挖”“运”两个主要工序组成。土方工程定额一般是按影响土方工程工效的主要因素［如土的级别、取（运）土距离、施工方法、施工条件、质量要求等参数］来划分节和子目的。

预算定额中挖土、推土、运土均以自然方计，土方压实和土石坝填筑综合定额均以压实方计，在编制单价时应注意统一计量单位。

《预算定额》中挖掘机、轮斗挖掘机或装载机挖装土（含渠道土方）自卸汽车运输各节，适用于Ⅲ类土；Ⅰ、Ⅱ类土定额人工、机械乘以 0.91 系数，Ⅳ类土定额人工、机械乘以 1.09 系数。

（二）石方工程

1. *石方开挖单价*

《预算定额》石方开挖各节子目中，未计入允许的超挖量和施工附加量所消耗的人工、材料和机械的数量及费用。编制石方开挖预算单价时，需将允许的超挖量及合理的施工附加量，按占设计工程量的比例计算摊销率，然后将超挖量和施工附加量所需的费用乘以各自的摊销率后计入石方开挖单价。施工规范允许的超挖石方，可按超挖石方定额（如平洞、斜、竖井超挖石方）计算其费用。合理的施工附加量的费用按相应的石方开挖定额计算。

2. *石方运输单价*

石方运输定额计量单位为自然方。

石方运输定额与土方运输定额相似，按装运方法和运输距离等划分节和子目。

石方运输分露天运输和洞内运输。挖掘机或装载机装石渣汽车运输各节定额，露天与洞内的区分，按挖掘机或装载机装车地点确定。洞内运距按工作面长度的一半计算，当一个工程有几个弃渣场时，可按弃渣量比例计算加权平均运距。

编制石方运输单价，当有洞内外连续运输时，应分别套用不同的定额子目。洞内运输部分，套用“洞内”运输定额的“基本运距”及“增运”子目；洞外运输部分，套用“露天”定额的“增运”子目，并且仅选用运输机械的台时使用量。洞内和洞外为非连续运输（如洞内为斗车，洞外为自卸汽车）时，洞外运输部分应套用“露天”定额的“基本运距”及“增运”子目。

3. *其他*

(1)《预算定额》中，预裂爆破、防震孔、插筋孔、均适用于露天施工，若为地下工程，定额中人工、机械应乘以 1.15 系数。

(2) 洞挖定额中的通风机台时量系按一个工作面长 400m 以内拟定，如超过 400m，应按调整系数（见定额）对定额通风机台时量进行修正，当工作面长度介于表中长度之间时可用插入法计算调整系数。

（三）土方填筑单价编制

土方填筑主要由土料开采运输、压实两个工序组成。此外一般还包括伐树挖根、覆盖层清除、土料处理等辅助工序。

土料开采运输单价是指自土料场开采运输至填筑工作面每立方米土料的费用。它由覆盖层清除摊销单价和开采运输工序单价组成。

（四）堆石坝填筑单价

堆石坝填筑可分为石料开采、运输、压实等工序，编制工程单价时，采用单项定额计算各工序单价，然后再编制填筑综合单价。

1. 堆石坝填筑料单价

堆石坝物料按其填筑部位的不同，分为反滤料区、过渡料区和堆石区等，需分别列项计算。编制填筑料单价时，可将料场覆盖层（包括无效层）清除等辅助项目费用摊入开采单价中形成填筑料单价。

利用基坑等开挖弃渣作为堆石料时，不需计算备料单价，但需计算上坝运输费用。

2. 堆筑料运输单价

填筑料运输单价指从砂石料开采场或成品堆料场装车并运输上坝至填筑工作面的工序单价，包括装车、运输上坝、卸车、空回等费用。从石料场开采堆石料（碎石原料）直接上坝，运输单价套用砂石备料工程碎石原料运输定额计算，计量单位为堆方；利用基坑等开挖石渣作为堆石料时，运输单价采用石方开挖工程石渣运输定额计算，计量单位为自然方；自成品供料场上坝的物料运输，采用砂石备料工程定额相应子目计算运输单价，计量单位为成品堆方，其中反滤料运输采用骨料运输定额。

3. 堆石坝填筑单价

石坝填筑以建筑成品实方计。填筑料压实定额是按碾压机械和分区材料划分节和子目。对过渡料如无级配要求时，可采用砂砾石定额子目。如有级配要求，需经筛分处理时，则应采用反滤料定额子目。

《预算定额》堆石坝物料压实在砌石工程定额中编列，定额中没有将物料压实所需的填筑料量及其运输方量列出，根据压实定额编制的单价仅仅是压实工序的单价，编制堆石坝填筑综合预算单价时，还应考虑填筑料的单价和填筑料运输的单价。

（五）混凝土工程

现浇混凝土由混凝土拌制、运输、浇筑等工序单价组成。在混凝土浇筑定额各节子目中，均列有“混凝土”“混凝土拌制”“混凝土运输”的数量，在编制混凝土工程单价时，应先根据分项定额计算这些项目的直接费单价，再将其分别代入混凝土浇筑定额计算混凝土工程单价。

1. 混凝土材料单价

混凝土浇筑定额中，材料消耗定额的“混凝土”一项，指完成定额单位产品所需的混凝土成品量。混凝土半成品单价是指按施工配合比配置 $1m^3$ 混凝土所需砂、石、水泥、水掺合料及外加剂等材料费用之和。

2. 混凝土拌制单价

混凝土的拌制工序有配料、运输、加水、加外加剂、搅拌、出料、清洗等。概预算混凝土拌制定额均以半成品方为计量单位，不包括干缩、运输、浇筑和超填等损耗的消耗量。编制混凝土拌制直接费单价时，应根据施工组织设计选定的拌和设备选用相应的拌制定额。

3. 混凝土运输单价

混凝土运输包括装料、运输、卸料、空回、冲洗、清理及辅助工作。

编制混凝土运输单价时，应根据施工组织设计选定的运输方式和机械类型，按相应定额分别计算水平运输和垂直运输直接费单价，再编制运输直接费单价。

4. 其他应注意的问题

混凝土工程定额的计量单位除注明者外，均按建筑物或构筑物成品实体方计。定额子目中的“混凝土”“混凝土运输”“混凝土拌制”量相同，且比定额单位实体方数量大。超出定额部分，是指冲毛（或凿毛）、干缩、施工损耗、运输损耗和接缝砂浆等的消耗量，对概算定额还包括超填量和施工附加量。

现浇混凝土定额不含模板制作、安装、拆除、修整。

混凝土拌制及浇筑定额中，均不包括骨料预冷、加冰、通水等温控措施的费用。

（六）模板工程

按混凝土结构部位的不同，可选择不同类型的模板制作定额，编制模板制作单价。

《概算定额》模板安装各节子目中将“模板”作为材料列出，定额中“模板”的预算价格可按制作定额计算（取直接费）。

《预算定额》模板安装、拆除与制作一般在同一节定额相邻子目中编列，模板安装、拆除预算单价与制作预算单价的编制方法相同。

编制模板工程预算单价时，将制作单价和安装、拆除单价叠加即可。

（七）钻孔灌浆

钻孔灌浆按其作用可分为帷幕灌浆、固结灌浆、接触灌浆等。灌浆方式有一次灌浆法和分段灌浆法，后者又可分为自上而下法和自下而上法。灌浆的工艺流程一般为：施工准备、钻孔、冲洗、表面处理、压水试验、灌浆、封孔和质量检查。

影响灌浆工程单价的因素多而复杂，需根据施工条件和工艺流程正确选用定额，具体编制步骤如下：

1. 收集基本资料

（1）设计数据：包括灌浆孔深、排数、灌浆压力、钻灌比等。设计钻孔深度与灌浆深度之比，即钻灌比。例如廊道中灌浆，钻孔深度是指基岩面以下灌浆孔深和基岩面以上到廊道底面的混凝土厚度，而灌浆深度只从基岩面以下计算。

（2）地质资料：包括地层剖面情况、岩石级别和岩层单位吸水率等。定额系按岩石十六级分类法中Ⅴ～ⅩⅣ级拟定，大于ⅩⅣ级的岩石，可参照有关资料拟定定额。钻混凝土时，除定额注明外，一般按粗骨料的岩石级别计算。

（3）灌浆试验资料：如灌浆孔单位水泥耗量（干料耗用量）等。定额中的水泥和化学材料耗用量系概算（或预算）参考量，如有实测资料，可按实际耗用量调整。

（4）施工组织设计资料：包括灌浆方式、制浆方式（集中制浆或分散制浆）、钻孔方法（机钻或风钻）、施工条件（露天、洞内等）和水泥品种与强度等级等。

2. 使用定额注意事项

（1）钻机钻孔时，当终孔孔径大于 91mm 或孔深超过 70m，改用 300 型钻机。

（2）在廊道或隧洞内施工时，人工、机械定额乘以表 9-4 所列系数。

表 9-4　人工、机械数量调整系数表

廊道或隧洞高度/m	0～2.0	2.0～3.5	3.5～5.0	>5.0
系数	1.19	1.10	1.07	1.05

（3）采用地质钻钻不同角度的灌浆孔或观测孔、试验孔时，人工、机械、合金片、钻头和岩芯管定额乘以表 9－5 所列系数。

表 9－5　　　　人工、机械数量调整系数表

钻孔与水平夹角	0°～60°	60°～75°	75°～85°	85°～90°
系数	1.19	1.05	1.02	1.00

（4）在有架子的平台上钻孔，平台到地面孔口高差超过 2.0m，钻机和人工定额乘以 1.05 系数。

（5）灌浆定额中水泥强度等级的选择应符合设计要求，设计未明确的，可按以下标准选择：回填灌浆 32.5、帷幕与固结灌浆 32.5、接缝灌浆 42.5、劈裂灌浆 32.5、高喷灌浆 32.5。

（6）定额中灌浆压力划分标准为：高压大于 3MPa，中压 1.5～3.0MPa，低压小于 1.5MPa。

三、编制投标总报价

由各项目的工程量乘工程单价得各分部分项工程项目的费用，各分部分项工程项目的费用合计得各单位工程费用，各单位工程费用合计得建筑工程费用。

汇总各组工程量清单报价金额加上招标人列出的备用金金额和安全生产费用得出投标总报价。

工程项目总价表见表 9－6。

表 9－6　　　　工程项目投标报价汇总表

组号	分组工程名称	报价金额/元	备　注
1	一般项目（总价承包）		
2	施工导流和水流控制（总价承包）		
3	大坝工程（单价承包）		
4	右岸溢洪道工程（单价承包）		
5	取水塔工程（单价承包）		
6	库区煤窑封堵及上坝公路工程（单价承包）		
	合计（A）		

备用金金额（B）：＿＿＿＿＿（元）

安全生产费用（C）：＿＿＿＿＿（元）

投标总报价(A)＋(B)＋(C)：＿＿＿＿＿

（填入投标函）

注：其中(C)＝(A)×1.5％

投标人：　　　　（盖单位章）

法定代表人（或委托代理人）：　　　（签名）

年　　月　　日

任务十　投标文件编制

【工作任务】

编制水利工程投标文件

【工作目标】

（1）掌握水利工程投标文件的内容和编制方法。

（2）能够编制水利工程施工投标文件并参加投标。

【任务分组】

学生工作任务书					
工作任务				建议学时	
班级		学员姓名		工作日期	
小组任务分工					
提交成果					

【引导问题】

如何编制一份有竞争力的投标文件，以增加中标的成功率。

【工作计划】

首先介绍水利工程投标文件编制的内容、步骤及注意事项，然后进行分组和发布相关任务，采用探究型学习、自主性学习、小组合作学习等方法，在实践学习过程中，加强培养团结合作、科学严谨的态度，以及法律意识和合同意识。

【进度决策】

由教师带领学生对工程项目背景进行分析，按要求完成项目工作任务。

【工作实施】

根据招标文件的要求，参考相关书籍资料和实际工程投标文件编制的实例，按照步骤进行投标文件的编制。

【评价反馈】

组内、组间学生相互检查评价，教师检查评价。主要检查内容包括：所完成任务内容完整性、条理清晰性、计算准确性、专业术语用词准确性、书写工整情况等。

【相关知识点】

根据《水利水电工程标准施工招标文件》（2009 年招标文件格式），投标文件包括如下 11 部分：

（1）投标函及投标函附录。

（2）法定代表人身份证明/授权委托书。

（3）联合体协议书。

（4）投标保证金。

（5）已标价工程量清单。

（6）施工组织设计。

（7）项目管理机构表。

（8）拟分包项目情况表。

（9）资格审查资料。

（10）原件的复印件。

（11）其他材料。

一、工程量清单报价编制

（一）工程量清单说明

（1）工程量清单应与投标须知、合同条款、技术标准和要求、图纸等招标文件内容一起参照阅读。

（2）工程量清单中的工程量是用作投标报价的估算工程量，不作为最终结算的工程量。用于结算的工程量是承包人实际完成的，并按合同有关计量规定计量的工程量。

（3）除合同另有规定外，工程量清单中的单价和合价包括由承包人承担的直接费、间接费、其他费用、税金等全部费用和要求获得的利润以及应由承包人承担的义务、责任和风险所发生的一切费用。

（4）符合合同规定的全部费用和利润都应包括在工程量清单所列的各项目中，合同规定应由承包人承担而在工程量清单中未详细列出的项目，其费用和利润应认为已包括在其他有关项目的单价和合价中。投标人不应在工程量清单中自行增加新的项目或修改项目名称。

（5）工程量清单中的“单价”和“合价”栏均应由投标人填报，投标人还应填报投标报价汇总表，并在其结尾处填写投标总报价。报价货币为人民币。若投标人对某些项目未填报单价和合价，则应认为已包括在其他项目的单价和合价以及投标总报价内。

（6）工程量清单中各项目的工作内容和要求及其计量和支付的规定详见招标文件有关要求。

（7）投标报价汇总表中的备用金是用于签订合同时尚未确定或不可预见项目的备用金额，应由招标人填写并按合同相关条款的规定使用。

（8）除合同另有规定外，在投标截止日前28天的当时所依据的国家法律、行政法规、国务院有关部门的规章以及工程所在地的省、自治区、直辖市的地方法规和规章中规定应由承包人缴纳的税金和其他费用均应计入单价、合价和总报价中。

（二）算术错误改正

工程量清单中有计算或汇总中的算术错误时，应按以下原则改正：

（1）投标文件中的大写金额与小写金额不一致的，以大写金额为准。

（2）总价金额与依据单价计算出的结果不一致的，以单价金额为准修正总价，但单价金额小数点有明显错误的除外。

（3）若投标报价汇总表中的金额与“投标函”中金额不一致时，以“投标函”金额为准，按比例修正工程量清单中单价和合价。

（三）工程量清单分组计价格式

根据规范GF—200—00208《水利水电工程施工合同和招标文件示范文本》，工程量清单报价表由以下表格组成（后附部分格式供参考）：

（1）投标总价。

（2）工程项目总价表。

（3）分组工程量清单报价表。

（4）计日工项目报价表。

（5）工程单价汇总表。

（6）工程单价费（税）率汇总表。

（7）投标人生产电、风、水、砂石基础单价汇总表。

（8）投标人生产混凝土配合比材料费表。

（9）招标人供应材料价格汇总表（若招标人提供）。

（10）投标人自行采购主要材料预算价格汇总表。

（11）招标人提供施工机械台时（班）费汇总表（若招标人提供）。

（12）投标人自备施工机械台时（班）费汇总表。

（13）总价项目分解表。

（14）工程单价计算表。

（15）人工费单价汇总表。

二、相关附表

表 10-1　　　　　　　　　　　　**投标总价表**

投　标　总　价

QS 水库工程（项目名称）施工标段

合同编号：QSSK-SG—2021

投标总价人民币（大写）：________________元

（¥）：________________元

表 10-2　　　　　　　　　　　　**工程项目总价表**

合同编号：（投标项目合同号）QSSK-SG—2021

工程名称：（投标项目名称）________________第　页共　页

组号	分组工程名称	报价金额/元	备注
1	一般项目（总价承包）		
2	施工导流和水流控制（总价承包）		
3	大坝工程（单价承包）		
4	右岸溢洪道工程（单价承包）		
5	取水塔工程（单价承包）		
6	库区煤窑封堵及上坝公路工程（单价承包）		
	合计（A）		

备用金金额（B）：________（元）

安全生产费用（C）：________（元）

投标总报价(A)+(B)+(C)：________

（填入投标函）

注：其中(C)=(A)×1.5%

投标人：（盖单位章）

法定代表人（或委托代理人）：（签名）

年　月　日

表 10 - 3 **分项工程量清单计价表**

合同编号：（投标项目合同号）

工程名称：（投标项目名称） 第 页共 页

分组工程量清单 第 1 组

组号：1 分组名称：一般项目（总价承包）

项目编号	项 目 名 称	单位	工程量	单价/元	合价/元	备 注
1 - 1	进场	项	1	120073.00		总价承包
1 - 2	退场	项	1	120000.00		总价承包
1 - 3	临时设施					总价承包
1 - 3 - 1	场内施工交通	项	1	993000.00		
1 - 3 - 2	施工供电	项	1	130000.00		业主提供变压器
1 - 3 - 3	施工供水	项	1	90500.00		
1 - 3 - 4	施工照明	项	1	26000.00		
1 - 3 - 5	施工通信	项	1	10000.00		
1 - 3 - 6	混凝土生产系统	项	1	60000.00		
1 - 3 - 7	附属加工车间	项	1	65000.00		
1 - 3 - 8	实验室及设备	项	1	40000.00		
1 - 3 - 9	仓库和堆料场	项	1	145000.00		
1 - 3 - 10	临时办公及生活福利房屋	项	1	993680.00		
1 - 3 - 11	施工期环境保护设施、水土保持设施及措施费用	项	1	60000.00		
1 - 3 - 12	其他临时设施	项	1	60000.00		
1 - 4	混凝土配比试验	项	1	35000.00		总价承包
1 - 5	碾压试验	项	1	90000.00		总价承包
1 - 6	灌浆试验	项	1	22000.00		总价承包
1 - 7	开挖爆破试验	项	1	30000.00		总价承包
1 - 8	岩石室内力学试验	项	1	15500.00		总价承包
1 - 9	工程施工期监测	项	1	60000.00		总价承包
1 - 10	安全文明环保措施费	项	1	55000.00		总价承包
1 - 11	保险					总价承包
1 - 11 - 1	工程险	项	1	180000.00		
1 - 11 - 2	第三者责任险	项	1	10000.00		
1 - 12	其他	项	1	100000.00		总价承包
合 计			元			

投标人： （盖单位章）

法定代表人（或委托代理人）： （签名）

年 月 日

分组工程量清单　第 2 组

组号：2　　　　分组名称：施工导流和水流控制（总价承包）

项目编号	项　目　名　称	单位	工程量	单价/元	合价/元	备　注
2-1	右岸坝坡支沟导流	项	1	32028.22		总价承包
2-2	上游围堰（包括基础防渗处理）	项	1	187562.71		总价承包
2-3	下游围堰（包括基础防渗处理）	项	1	55882.10		总价承包
2-4	截流工程	项	1	20881.58		总价承包
2-5	施工基坑排水	项	1	31071.68		总价承包
2-6	施工度汛和防护工程	项	1	150000.00		总价承包
2-7	导流建筑拆除	项	1	169292.06		总价承包
2-8	截流前、蓄水前施工场地清理	项	1	149000.00		总价承包
2-9	导流洞进口闸门、启闭机及埋件安装及下闸	项	1	53100.00		总价承包
合　计（最高限价）			元			

投标人：　　（盖单位章）

法定代表人（或委托代理人）：　　（签名）

年　　月　　日

分组工程量清单 第 3 组

组号：3 分组名称：大坝工程（单价承包）

项目编号	项 目 名 称	单位	工程量	单价/元	合价/元	备 注
3-1	土方开挖	m^3	67400			含边坡开挖工程量
3-2	石方开挖	m^3	37700			含边坡开挖工程量、光面或预裂爆破
3-3	人工清基（石方）	m^3	1500			
3-4	喷 C20 混凝土封闭基面厚 5CM	m^3	130			
3-5	垫层料	m^3	17510			
3-6	过渡层料	m^3	23990			
3-7	主堆石区	m^3	183480			
3-8	次堆石区（料场开挖）	m^3	63160			
3-9	次堆石区（溢洪道开挖利用料）	m^3	51000			
3-10	土铺盖	m^3	5600			
3-11	石渣盖重	m^3	11400			
3-12	特殊垫层料	m^3	3710			
3-13	下游干砌块石护坡	m^3	4470			
3-14	排水棱体	m^3	4220			
3-15	C25 混凝土面板	m^3	3654			二级配
3-16	C25 混凝土趾板	m^3	973			二级配
3-17	C25 混凝土防浪墙	m^3	354			二级配
3-18	面板钢筋制安	t	298			
3-19	趾板钢筋制安	t	96			
3-20	防浪墙钢筋制安	t	35			
3-21	C30 混凝土坝顶路面	m^2	880			200mm 厚，二级配
3-22	碎石垫层	m^2	880			300mm 厚
3-23	趾板锚筋 $\phi 25$，$L=5m$	根	510			
3-24	M7.5 浆砌块石	m^3	140			排水沟
3-25	混凝土挤压边墙	m^3	2215			
3-26	C15 混凝土预制梯步	m^3	20			梯步，二级配
3-27	C15 混凝土砌块石	m^3	153			梯步，混凝土含量不小于 35%
3-28	碎石垫层	m^3	106			梯步
3-29	周边缝两道止水	m	320			底部止水铜片，顶部柔性填料
3-30	张拉垂直缝两道止水	m	470			底部止水铜片，顶部柔性填料

续表

项目编号	项 目 名 称	单位	工程量	单价/元	合价/元	备 注
3-32	挤压垂直缝两道止水	m	550			底部止水铜片，顶部柔性填料
3-33	防浪墙底缝两道止水	m	142			底部止水铜片，顶部柔性填料
3-34	防浪墙墙体缝	m	70			铜片止水
3-35	趾板伸缩缝两道止水	m	110			中部橡胶止水，顶部柔性填料
3-36	C15 混凝土灯座及电缆沟	m^3	143			二级配
3-37	坝顶上游钢制灯柱	根	15			高度 6m，300W 高压钠灯
3-38	C20 混凝土电缆沟预制盖板	m^3	10			二级配
3-39	C15 埋石混凝土截流墙	m^3	350			埋石率 20%
3-40	ϕ500 混凝土预制排水管	m	20			
3-41	坝顶青石栏杆（下游侧）	m	150			
3-42	固结灌浆	m	1815			
3-43	帷幕灌浆	m	11374			
3-44	帷幕基岩钻孔	m	14938			
3-45	检查孔进尺	m	1137			
3-46	压水试验段	试段	228			
3-47	C20 喷混凝土	m^3	4600			100mm 厚
3-48	锚杆 ϕ25，L=5m	根	840			
3-49	锚杆 ϕ22，L=3.5m	根	200			
3-50	ϕ50 排水花管	m	620			
3-51	ϕ6.5 挂网钢筋	t	30			
3-52	C15 混凝土边坡截水沟	m^3	150			二级配
3-53	钢筋制安	t	4			
3-54	C20 混凝土压顶	m^3	50			二级配
3-55	C15 埋石混凝土挡土墙（上游侧）	m^3	370			埋石率 20%
3-56	C15 埋石混凝土挡土墙（下游侧）	m^3	630			埋石率 20%
3-57	反压排水系统（含封堵）	项	1			
3-58	喷乳化沥青	m^3	30			挤压边墙表面
3-59	M7.5 浆砌块石补坡	m^3	100			可能存在的大坝两岸陡坎、反坡等部位
3-60	沥青杉木板	m^3	2			
合 计		元				

投标人：　　（盖单位章）

法定代表人（或委托代理人）：　　（签名）

年　　月　　日

分组工程量清单　第 4 组

组号：4　　　　分组名称：右岸溢洪道工程（单价承包）

项目编号	项　目　名　称	单位	工程量	单价/元	合价/元	备　注
4-1	溢洪道工程					
4-1-1	土方明挖	m^3	25250	15.72		
4-1-2	石方明挖	m^3	95120	40.73		光面或预裂爆破
4-1-3	土方井挖（2m×1.5m）	m^3	380	58.81		
4-1-4	石方井挖（2m×1.5m，单桩最大深度17m）	m^3	340	300.07		浅孔弱爆破
4-1-5	保护层石方明挖	m^3	14400	78.32		
4-1-6	石渣回填	m^3	810	19.05		
4-1-7	M30砂浆锚杆 ϕ25，L=3.5m	根	1061	137.50		（边坡、底板）
4-1-8	M30砂浆锚杆 ϕ25，L=4.0m	根	722	157.05		（边坡、底板）
4-1-9	M30砂浆锚杆 ϕ25，L=5.0m	根	380	200.44		（边坡）
4-1-10	喷C20混凝土（厚100mm）	m^3	751	588.45		
4-1-11	C15混凝土井孔护壁	m^3	150	480.84		二级配
4-1-12	边坡钢筋网（ϕ6.5钢筋）	t	41.5	5585.57		
4-1-13	边坡排水孔PVC管 ϕ50	m	1730	9.53		
4-1-14	土工布（300g/m^2）	m^2	600	9.34		
4-1-15	固结灌浆钻孔	m	614	81.95		
4-1-16	固结灌浆	m	467	170.09		
4-1-17	检查孔	m	47	200.48		
4-1-18	钻 ϕ50 排水孔	m	1760	73.51		
4-1-19	钻 ϕ110 排水孔	m	500	89.05		
4-1-20	C15混凝土进水渠底板	m^3	122	350.33		二级配
4-1-21	C15埋石混凝土基础	m^3	897	306.78		埋石率20%
4-1-22	C20混凝土防浪墙	m^3	86	500.56		二级配
4-1-23	C20混凝土防渗刺墙	m^3	35	432.72		二级配
4-1-24	C20混凝土边墙	m^3	2071	359.96		二级配
4-1-25	C20埋石混凝土边墙	m^3	2122	335.14		埋石率20%
4-1-26	C20混凝土裙板	m^3	410	443.87		二级配
4-1-27	C25混凝土溢流堰	m^3	872	370.94		二级配
4-1-28	C25混凝土闸墩	m^3	3718	415.74		二级配
4-1-29	C25混凝土边墙	m^3	2011	368.71		二级配
4-1-30	预制C25混凝土挡板（桩挡墙）	m^3	297	538.27		二级配
4-1-31	C25混凝土挡板（桩挡墙）	m^3	72	472.11		二级配

续表

项目编号	项 目 名 称	单位	工程量	单价/元	合价/元	备 注
4-1-32	C25 混凝土泄槽底板	m^3	381	388.04		二级配
4-1-33	C35 混凝土抗冲耐磨底板	m^3	1750	407.29		二级配
4-1-34	C40 混凝土方桩（桩挡墙）	m^3	792	552.06		二级配
4-1-35	C30 混凝土门机轨道梁	m^3	20	534.95		二级配
4-1-36	C30 混凝土牛腿	m^3	40	575.74		二级配
4-1-37	C30 二期混凝土	m^3	30	1285.61		一级配
4-1-38	C25 混凝土交通桥	m^3	60	487.51		二级配
4-1-39	C25 混凝土工作桥	m^3	30	608.41		二级配
4-1-40	C30 混凝土路面	m^3	140	404.18		二级配
4-1-41	预制 C20 混凝土电缆沟盖板	m^3	15	512.25		二级配
4-1-42	钢筋制安	t	584	5891.11		
4-1-43	预埋插筋	t	22.3	6429.85		
4-1-44	角钢支架	t	2	8231.52		电缆沟
4-1-45	型钢爬梯	t	3	8336.63		弧门支座检修梯
4-1-46	铜止水 1mm 厚	m	50	536.31		
4-1-47	橡胶止水带	m	1060	98.54		(TYPE651 型厚 8mm、宽 300mm)
4-1-48	沥青杉木板	m^2	560	138.69		
4-1-49	M7.5 浆砌块石（排水沟）	m^3	380	201.91		
4-1-50	配电房、油泵房（砖混）含粉刷，门窗	m^2	150	1463.93		
4-1-51	铸造石栏杆	m	60	581.19		
4-1-52	栏杆（ϕ70）镀锌钢管	m	50	344.37		
4-1-53	轻钢屋架（含屋面板）	m^2	60	635.46		
4-1-54	碎石排水盲沟	m^3	30	103.32		
4-1-55	ϕ100 透水盲管	m	750	18.93		
4-1-56	ϕ150 UPVC 排水管	m	80	28.72		
4-2	排洪渠工程					
4-2-1	土方明挖	m^3	2940	15.72		
4-2-2	石方明挖	m^3	493	44.42		
4-2-3	C20 混凝土边墙	m^3	1764	359.96		二级配
4-2-4	C20 混凝土底板	m^3	235	336.42		二级配
合 计		元				

投标人：　　（盖单位章）

法定代表人（或委托代理人）：　　（签名）

年　　月　　日

分组工程量清单　第 5 组

组号：5　　　　分组名称：取水塔工程（单价承包）

项目编号	项 目 名 称	单位	工程量	单价/元	合价/元	备 注
5-1	进水口					
5-1-1	石方开挖	m^3	1816	44.42		光面或预裂爆破
5-1-2	石方保护层开挖	m^3	412	77.96		
5-1-3	土方开挖	m^3	943	15.72		
5-1-4	石渣回填	m^3	165	20.32		
5-1-5	C15 埋石混凝土回填	m^3	882	279.48		埋石率 20%
5-1-6	C25W8 钢筋混凝土塔体	m^3	1506	419.91		二级配
5-1-7	C25W8 钢筋混凝土塔座	m^3	1278	402.43		二级配
5-1-8	C25 钢筋混凝土梁板	m^3	72	534.06		二级配
5-1-9	M7.5 砂浆砌砖	m^3	97	397.87		
5-1-10	窗户（TC.1218A）	扇	9	819.30		
5-1-11	压型钢板屋面	m^2	134	621.45		
5-1-12	二期 C25 混凝土	m^3	5	1289.94		一级配
5-1-13	Ø300 排气钢管	m	10	260.26		壁厚 4.5mm
5-1-14	DN100 排水钢管	m	25	57.84		壁厚 3mm
5-1-15	C25 钢筋混凝土梁板桥	m^3	65	608.66		二级配
5-1-16	C25 钢筋混凝土排架立柱、横梁	m^3	30	621.66		二级配
5-1-17	C15 混凝土墩	m^3	71	451.31		二级配
5-1-18	C25 钢筋混凝土排架基础	m^3	12	410.93		二级配
5-1-19	C20 混凝土桥边墩	m^3	55	487.68		二级配
5-1-20	三毡四油	m^2	5	182.40		
5-1-21	5mm 厚钢垫板（400mm×500mm）	块	12	96.13		
5-1-22	C20 喷混凝土（厚 100mm）	m^3	118	593.41		边坡
5-1-23	C15 混凝土排水沟、截水沟	m^3	30	389.42		二级配
5-1-24	C15 混凝土垫层（厚 100mm）	m^3	25	346.89		二级配
5-1-25	M30 砂浆锚杆	根	278	200.44		L=5m，D=25mm
5-1-26	M30 砂浆锚杆	根	70	137.50		L=3.5m，D=25mm
5-1-27	不锈钢栏杆	m	150	419.64		
5-1-28	钢筋制安	t	150	5891.11		
5-1-29	ϕ6.5 挂网钢筋	t	4	5585.57		
5-1-30	混凝土凿毛	m^3	39	27.48		取水塔下部导流洞后期封堵
5-1-31	ϕ22 插筋（L=2m）	根	77	48.43		
5-1-32	回填灌浆	m^2	209	59.92		
5-1-33	C25 钢筋混凝土闸墩	m^3	116	455.51		二级配
5-1-34	C20 微膨胀混凝土	m^3	300	388.29		二级配
5-1-35	型钢爬梯	t	5	8336.63		
合 计		元				

投标人：　　（盖单位章）

法定代表人（或委托代理人）：　　（签名）

年　　月　　日

分组工程量清单　第 6 组

组号：6　　分组名称：库区煤窑封堵及上坝公路工程（单价承包）

项目编号	项　目　名　称	单位	工程量	单价/元	合价/元	备注
6-1	库区右岸桥头煤窑平洞封堵					
6-1-1	石方洞挖Ⅸ级（洞径 4.0×5.0m）	m^3	110	176.65		人工风镐
6-1-2	洞内已堆积石渣清理	m^3	120	35.87		
6-1-3	C20 微膨胀混凝土堵头	m^3	209	418.61		二级配
6-1-4	隧洞 M30 砂浆锚杆（$D=25$，$L=3.0$m）	根	45	122.88		
6-1-5	喷 C20 混凝土（5mm 厚）	m^3	20	695.97		
6-1-6	固结灌浆	m	128	174.34		
6-1-7	回填灌浆	m^2	55	61.42		
6-1-8	帷幕灌浆	m	234	401.65		
6-1-9	检查孔	m	40	278.13		
6-1-10	镀锌铁皮止浆片（1.0mm 厚）	m	26	217.84		
6-2	库区兴升煤窑平洞封堵					
6-2-1	石方洞挖Ⅸ级（洞径 4.0×5.0m）	m^3	12	176.65		人工风镐
6-2-2	洞内已堆积石渣清理	m^3	16	35.87		
6-2-3	C20 微膨胀混凝土堵头	m^3	57	418.61		二级配
6-2-4	回填灌浆	m^2	15	61.42		
6-2-5	镀锌铁皮止浆片（1.0mm 厚）	m	26	217.84		
6-3	上坝公路（溢洪道右侧）					
6-3-1	覆盖层开挖	m^3	231	15.72		
6-3-2	石方明挖（Ⅸ级）	m^3	3840	46.11		光面爆破或预裂爆破
6-3-3	C15 混凝土排水沟	m^3	8	389.42		二级配
6-3-4	边坡 M30 砂浆锚杆（$D=22$，$L=3.0$m）	根	80	101.97		
6-3-5	钢筋挂网（ϕ6.5）	t	2	5585.57		
6-3-6	C20 混凝土喷护 10cm 厚	m^3	28	588.45		
6-3-7	C30 混凝土路面	m^3	55	80.84		200 厚、二级配

续表

项目编号	项　目　名　称	单位	工程量	单价/元	合价/元	备注
6-3-8	5%水泥稳定碎石层	m^3	41	225.59		150厚
6-3-9	C20混凝土路缘	m^3	10	409.54		二级配
6-4	取水口公路					
6-4-1	覆盖层开挖	m^3	9120	15.72		
6-4-2	石方明挖（Ⅸ级）	m^3	16500	47.16		光面爆破或预裂爆破
6-4-3	路基土石碾压填筑	m^3	800	8.85		
6-4-4	C15埋石混凝土挡墙	m^3	200	311.05		
6-4-5	挡墙基础块石碾压换填	m^3	120	77.79		
6-4-6	手摆片石	m^3	105	113.78		150厚
6-4-7	水泥稳定碎石层	m^3	174	225.59		150厚
6-4-8	C30混凝土路面	m^3	232	404.18		200厚、二级配
6-4-9	C20混凝土路缘	m^3	102	409.54		二级配
6-4-10	C20混凝土格构护坡	m^3	103	445.18		二级配
6-4-11	格构内回填种植土	m^3	365	16.87		
6-4-12	格构内草皮护坡	m^2	1560	12.10		
6-4-13	M7.5浆砌块石截水沟	m^3	174	201.91		
6-4-14	C15混凝土排水沟	m^3	58	389.42		二级配
6-4-15	C20混凝土喷护10cm厚	m^3	195	588.45		
6-4-16	钢筋挂网（ϕ6.5）	t	13	5585.57		
6-4-17	钢筋制安（格构）	t	6	5891.11		
6-4-18	边坡M30砂浆锚杆（$D=22$，$L=3.0$m）	根	488	101.97		
6-4-19	ϕ45 UPVC边坡排水花管（含基岩钻孔）	m	218	30.33		
6-4-20	土工布（250g/m^2）	m^2	22	9.06		
6-4-21	聚乙烯闭孔泡沫板（2cm厚）	m^2	31	24.00		
合　计		元				

投标人：　　　（盖单位章）

法定代表人（或委托代理人）：　　　（签名）

年　　月　　日

表 10-4　　计日工项目报价表

合同编号：(投标项目合同号)

工程名称：(投标项目名称)　　　　第　页共　页

序号	名称	型号规格	计量单位	单价/元	备注
1	人工				
2	材料				
3	机械				

投标人：________________（盖单位章）

法定代表人或其委托代理人：________（签字）

____年____月____日

表 10-5　　工程单价费(税)率汇总表

合同编号：(投标项目合同号)

工程名称：(投标项目名称)　　　　第　页共　页

序号	工程类别	工程单价费（税）率/%			备注
		施工管理费	企业利润	税金	
一	建筑工程				
二	安装工程				

投标人：________________（盖单位章）

法定代表人或其委托代理人：________（签字）

____年____月____日

表 10－6　　投标人自行采购主要材料预算价格汇总表

合同编号：（投标项目合同号）

工程名称：（投标项目名称）　　　　第　页共　页

序号	材料名称	型号规格	计量单位	预算价/元	备注

投标人：＿＿＿＿＿＿＿＿（盖单位章）

法定代表人或其委托代理人：＿＿＿＿＿＿（签字）

＿＿年＿＿月＿＿日

表 10－7　　投标人自备施工机械台时(班)费汇总表

合同编号：（投标项目合同号）

工程名称：（投标项目名称）　　　　第　页共　页

单位：元/台时（班）

序号	机械名称	型号规格	一类费用				二类费用							合计
			折旧费	维修费	安拆费	小计	人工	柴油	电				小计	

投标人：＿＿＿＿＿＿＿＿（盖单位章）

法定代表人或其委托代理人：＿＿＿＿＿＿（签字）

＿＿年＿＿月＿＿日

参 考 文 献

[1] SL 303—2017 水利水电工程施工组织设计规范 [S].

[2] SL 49—2015 混凝土面板堆石坝施工规范 [S].

[3] DL/T 5297—2013 混凝土面板堆石坝挤压边墙技术规范 [S].

[4] 沈益源，黄宗营. 混凝土面板堆石坝施工技术 [M]. 北京：中国水利水电出版社，2017.

[5] 闫国新. 水利水电工程施工技术 [M]. 郑州：黄河水利出版社，2020.

[6] 梁向峰，何小雄，等. 碾压式土石坝施工技术 [M]. 北京：中国水利水电出版社，2018.

[7] 张梦宇，曾伟敏，吕桂军. 水利工程造价与招投标 [M]. 北京：中国水利水电出版社，2017.

[8] 常焕生，李岱，张云山，等. 面板堆石坝翻模固坡技术在双沟大坝的应用 [J]. 水力发电，2007 (6)：42-44.

[9] 常焕生. 面板堆石坝翻模固坡技术 [C]. 现代堆石坝技术进展：2009——第一届堆石坝国际研讨会论文集，2009.